ISBN-13:

978-1514245163

ISBN-10:

1514245167

Derechos reservados

MANUAL DE FONTANERÍA
TOMO 1

Miguel D'Addario

Comunidad europea
2015

ÍNDICE

- Conceptos fundamentales en fontanería. Caudales y consumos, velocidad, desplazamiento del agua, relación entre caudal, velocidad y sección. Presión, relación presión-altura, pérdidas de carga, golpe de ariete.
  / Pág. 13 a 34
  *AUTOEVALUACIÓN / **Pág. 35***
  *SOLUCIONARIO / **Pág. 41***

- Soldaduras. Tipos, materiales y técnicas. */ **Pág. 49 a 104***
  *AUTOEVALUACIÓN / **Pág. 105***
  *SOLUCIONARIO / **Pág. 111***

- Tratamientos del agua. Composición del agua de consumo, descalcificación, desmineralización, pH, generalidades sobre los equipos de tratamiento de agua.
  */ **Pág. 121 a 175***
  *AUTOEVALUACIÓN / **Pág. 177***
  *SOLUCIONARIO / **Pág. 185***

- Corrosiones e incrustaciones. Tipos de corrosión, medidas de prevención y protección. */ **Pág. 195 a 240***
  *AUTOEVALUACIÓN / **Pág. 241***
  *SOLUCIONARIO / **Pág. 247***

- Estaciones depuradoras de aguas residuales.
  */ **Pág. 257 a 297***
  *AUTOEVALUACIÓN / **Pág. 299***
  *SOLUCIONARIO / **Pág. 305***

Conceptos fundamentales en fontanería. Caudales y consumos, velocidad, desplazamiento del agua, relación entre caudal, velocidad y sección. Presión, relación presión-altura, pérdidas de carga, golpe de ariete.

CONCEPTOS FUNDAMENTALES EN FONTANERÍA

Definición

La fontanería es una profesión de la rama de la metalurgia o del metal, encargada de las instalaciones de abastecimiento de agua potable y evacuación de aguas residuales, así como las instalaciones de calefacción en edificaciones y otras construcciones.

Conceptos generales

Los siguientes conceptos generales se han realizado de forma muy escueta y, en algunos casos, no son más que una simple definición de alguna materia relacionada con la fontanería.

Fluido

Un fluido es un líquido o un gas. Carece de forma propia, adoptando la forma del recipiente que lo contiene. Lo contrario a un fluido es un sólido.

Viscosidad y fluidez

Son conceptos opuestos: un líquido muy fluido es muy poco viscoso y viceversa.

Tuberías de paredes rugosas y paredes lisas

En una tubería de paredes lisas, el agua circula con menos rozamiento que en una de paredes rugosas, por lo que si tenemos dos tuberías del mismo diámetro pero una de ellas es de pared lisa y la otra de pared rugosa, el agua circulará con mayor velocidad, en la tubería de pared lisa.

Velocidad de circulación aconsejable
Se establece de forma general que la velocidad del agua que circula por una tubería destinada a una instalación interior debe estar comprendida entre 0,5 m/s. Y 1,5 m/s. Un valor inferior a 0,5 m/s. Favorece la aparición de depósitos calcáreos en el interior de la tubería debido a que las impurezas del agua se van depositando, creando singularidades que dañan el correcto funcionamiento de la instalación. Por otra parte, valores superiores a 1,5 m/s. Dan lugar a aparición de vibraciones y ruidos en la instalación. En derivaciones interiores no conviene superar 1 m/s.

Velocidad y diámetro
Para un caudal dado, la velocidad con la que circula el agua es mayor cuanto más pequeño es el diámetro interior de la tubería y viceversa.

Presión y altura
En una tubería por la que circula el agua, a medida que aumenta la altura, disminuye la presión del agua y viceversa.

Número de Reynolds
Es un concepto relacionado con la forma que tiene el agua de circular por el interior de una tubería. Esta circulación puede ser de dos maneras: laminar (cuando el chorro es uniforme) y

turbulenta (cuando la velocidad es suficientemente grande como para que el agua que circula por la tubería se comporte de forma que se creen turbulencias). Sólo debemos saber que esta forma de circulación del agua viene definida por un número: el número de Reynolds, de manera que cuando este número es menor de 2000, el régimen es laminar y, cuando es mayor de 2000, se considera régimen turbulento.

Suministro

Suministro en fontanería equivale a vivienda o local. Derivación de suministro equivale a derivación particular, es decir a la tubería que entra en la vivienda.

Esquema de llaves

En las definiciones generales, se definen las llaves utilizadas en fontanería. En los test aparecen frecuentemente preguntas sobre estas definiciones. Para tener una visión esquemática del orden en que van situadas, puede ser muy sencillo el esquema siguiente:

Consumos máximos y medios

El consumo máximo de agua se da en ciertos momentos del día en los que, por las necesidades o costumbres sociales, existe un mayor número de personas que consumen una mayor cantidad de agua. Estos momentos pueden ser a las 8:00 de la mañana, cuando se realiza el aseo personal, las 14:00 de la tarde, la hora de la comida, y las 20:00, cuando se finaliza la jornada laboral. Son horas relativas y la única importancia que se destaca es que es en ellas cuando el consumo absoluto de agua por habitante se hace mayor. Sin embargo si todos los litros de agua consumidos por un habitante durante un día se dividen entre el número de horas que tiene el día, llegamos al concepto más importante de **consumo medio**. Esta división puede realizarse teniendo en cuenta todas las horas del día (24) o solamente las horas activas (16), debido a que el resto estamos durmiendo. Evidentemente, el gasto de agua máximo, también llamado punta, es mayor que el gasto o consumo medio. Es posible que alguna pregunta de examen esté hecha considerando estos conceptos.

Contadores

Se van a exponer de forma resumida los tipos de contadores que se emplean generalmente:

Contadores de velocidad

Disponen de una turbina que es movida por el agua, de manera que la cantidad de agua que pasa por el contador es proporcional al giro de la turbina.

Dentro de estos contadores de velocidad distinguimos:

- Contadores de chorro único (tipo u) o de molinete.
- Contadores de chorro múltiple (tipo m) o de turbina.
- Contadores de hélice (tipo w).
- Contadores proporcionales.

Contadores de volumen o volumétricos

El consumo de agua se mide a través de un recipiente, de manera que queda registrado el número de veces que se llena.

Dentro de estos contadores de volumen, distinguimos:

- Contadores de cilindro y pistón.
- Contadores de disco.

> *** Problemática y casuística general**
> Indice secuencial de los tramos iniciales de la Red de Fontanería, elementos y equipos posibles a considerar en los mismos ante una intervención.
>
> **1 ACOMETIDA**
> *Consideraciones:*
> * Una, Dos o más / * Red de Incendios / * Situación / * Material / * Presión y Caudal / * Válvulas
>
> **2 INSTALACIÓN INTERIOR GENERAL**
> *Consideraciones:*
> * Tubo alimentación / * Red de Incendios / * Red de Riego / * Material / * Recorrido por el interior del edificio hasta el cuarto de contadores o equipos hidráulicos / * Válvulas y equipos previstos
>
> **3 CUARTO DE EQUIPOS HIDRÁULICOS (INSTALACIÓN INTERIOR GENERAL)**
> *Consideraciones:*
> * Condiciones, características, situación (Ventilación, Iluminación, Desagüe, Seguridad, Operatividad)
> * Aljibe (Situación, Capacidad, Características) / * Filtro / * Equipo tratamiento de agua / * Material
> * Grupo de Presión (Características) / * Contador general o Batería de Contadores divisionarios
>
> **4 INSTALACIÓN INTERIOR PARTICULAR**
> *Consideraciones:*
> * Montante (Disposición, Recorrido, Registrabilidad) / * Material / * Llave de abonado (Ubicación)
> * Distribuidores horizontales y Derivaciones a aparatos (Recorridos) / * Válvulas y equipos previstos
> * Válvulas de aislamiento a cuartos húmedos / * Sistema de producción de ACS (Tipos y características)

Contadores combinados

Como su nombre indica, están constituidos por un contador de velocidad y otro de volumen acoplados.

Galvanizado

Es el proceso electroquímico mediante el cual se recubre un material con un metal inalterable a la acción corrosiva de la atmósfera o del agua.

CAUDALES Y CONSUMOS, VELOCIDAD, DESPLAZAMIENTO DEL AGUA, RELACIÓN ENTRE CAUDAL, VELOCIDAD Y SECCIÓN

Las propiedades de los fluidos son: a) Fluidez, b) Viscosidad, c) Compresibilidad y d) Régimen de flujo.

a) Fluidez

Se define como fluidez, la mayor o menor facilidad que encuentra un fluido a fluir.

b) Viscosidad

La viscosidad viene dada por la mayor o menor resistencia de las moléculas de los fluidos a desplazarse unas sobre otras.

c) Compresibilidad

Un fluido sometido a presión se comprime. Sin embargo esta compresibilidad es muy reducida en los líquidos, no así en los gases.

En algunos cálculos se toma el fluido como si no fuera compresible. Ahora bien, en otros casos en que la presión es importante debe tenerse en cuenta este concepto. Seguidamente se dan algunos coeficientes de compresión para fluidos.

Variación de volumen con la presión

$$\Delta V = V \cdot \Delta p \cdot \beta$$

ΔV — variación de volumen en dm^3
V — volumen inicial en dm^3
Δp — variación de presión en Kg/cm^2
β — coeficiente de compresibilidad en cm^2/Kg

Agua 0,00005
Aceite mineral 0,00008

Emulsión aceite/agua (50 a 60% de aceite) 0,00007

Líquidos sintéticos (ésteres fosfóricos) 0,00004

Variación de volumen con la presión

d) Régimen de flujo

El flujo puede circular por un conducto en régimen laminar o turbulento.

Este concepto resulta muy importante a la hora de determinar las pérdidas de carga que se originan en un fluido que circula por un conducto.

Caudal

El caudal es la cantidad de líquido (agua) que fluye en un determinado lugar por unidad de tiempo.

* Factores condicionantes

Clasificación de los Caudales mínimos para los distintos aparatos sanitarios (NBIA)

• Lavabo y Urinario:	0,10 l/s	• Bidé:	0,10 l/s
• Inodoro:	0,10 l/s	• Bañera:	0,30 l/s
• Ducha:	0,20 l/s	• Lavamanos:	0,05 l/s
• Fregadero:	0,20 l/s	• Lavadero:	0,20 l/s
• Lavadora:	0,20 l/s	• Lavavajillas:	0,20 l/s
• Office:	0,15 l/s	• Flúxor:	1,0 a 3,0 l/s

Clasificación del tipo de vivienda, según la NBIA, en función del Caudal Instalado

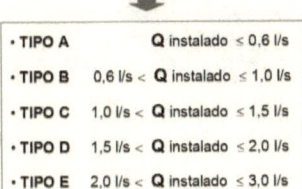

• TIPO A	Q instalado ≤ 0,6 l/s
• TIPO B	0,6 l/s < Q instalado ≤ 1,0 l/s
• TIPO C	1,0 l/s < Q instalado ≤ 1,5 l/s
• TIPO D	1,5 l/s < Q instalado ≤ 2,0 l/s
• TIPO E	2,0 l/s < Q instalado ≤ 3,0 l/s

Equivalencias, según la NBIA, entre los diversos tipos de suministros

TIPO	A	B	C	D	E
A	1	0,6	0,4	0,3	0,2
B	1,6	1	0,6	0,5	0,3
C	2,5	1,5	1	0,75	0,5
D	3,3	2	1,3	1	0,6
E	5	3	2	1,5	1

Parámetros hidráulicos		
H	$\Rightarrow$ Carga o Energía total del Sistema	(Respecto a la Línea de referencia)
z	$\Rightarrow$ Energía Potencial	(Debida a la posición)
$h = P/\gamma$	$\Rightarrow$ Carga Estática o Energía de Presión	(Debida a la profundidad)
$v^2/2g$	$\Rightarrow$ Energía Cinética	(Debida a la velocidad)
Σhr	$\Rightarrow$ Pérdidas de carga	(Debidas al rozamiento o fricción)

Variables hidráulicas		
C	$\Rightarrow$ Caudal o Gasto	(Volumen de líquido que atraviesa una sección en la unidad de tiempo)
v	$\Rightarrow$ Velocidad	(Espacio recorrido por el líquido en la unidad de tiempo)
S	$\Rightarrow$ Sección	(Área transversal de la vena líquida)
D	$\Rightarrow$ Diámetro	($S = [\pi D^2 / 4]$)
J	$\Rightarrow$ Pérdida de carga unitaria	(Pérdida de presión por unidad de longitud de conducción)
	$C = S \cdot v \Rightarrow$ Ecuación de Continuidad	
	$J = \lambda (v^2 / 2gD) \Rightarrow$ Ecuación de Darcy - Weisbach	

Ley de Poiseuille

El gasto de salida de un líquido por un tubo es directamente proporcional a la cuarta potencia del radio del tubo y a la diferencia de presiones entre los extremos del mismo, e inversamente proporcional a la longitud del tubo y al coeficiente de viscosidad.

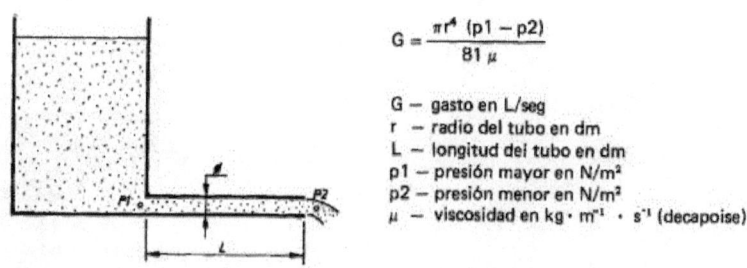

$$G = \frac{\pi r^4 (p1 - p2)}{8 l \mu}$$

G — gasto en L/seg
r — radio del tubo en dm
L — longitud del tubo en dm
p1 — presión mayor en N/m²
p2 — presión menor en N/m²
µ — viscosidad en kg · m⁻¹ · s⁻¹ (decapoise)

Teorema de Torricelli

La velocidad de salida de un líquido contenido en un recipiente a través de un orificio pequeño, es igual a la que alcanzaría un cuerpo cayendo libremente desde una altura igual a la diferencia de nivel entre la superficie del líquido y el orificio de salida.

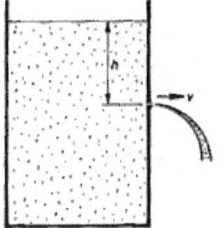

Velocidad teórica (vt)
$$vt = \sqrt{2gh}$$

Velocidad real (vr)
$$vr = \alpha \cdot k \sqrt{2gh}$$

g — aceleración, 9,81
h — altura
q — coeficiente (0,62)
k — coeficiente de velocidad (0,85 ÷ 0,90)

Principio de Arquímedes

Todos los cuerpos sumergidos en un líquido en reposo, experimentan un empuje hacia arriba, igual al peso del líquido desalojado.

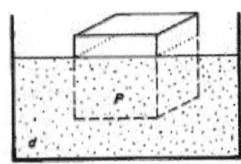

$E = (v \cdot d) \cdot p$
E — empuje
v — volumen del cuerpo en el líquido
d — densidad del líquido
p — peso del cuerpo

NUMERO DE REYNOLD (Re)

$$Re = \frac{v \cdot dh}{\mu}$$

v — velocidad del flujo en m/s
dh — diámetro hidráulico
μ — viscosidad cinemática en m^2/s

Re crítico ≈ 2.300, es válido para tubos redondos, rectos y lisos.
Con el número de Reynold crítico, el flujo cambia de laminar a turbulento o viceversa.

Flujo laminar   Re < Re crítico
Flujo turbulento Re > Re crítico

FLUJOS

a) Flujo laminar b) Flujo turbulento

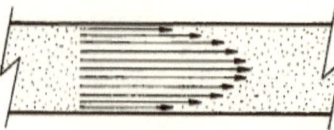

$$vm = \frac{\Delta p \cdot d^2}{32 \mu l}$$

$$Q = S \cdot vm = \frac{p \cdot d^4}{40{,}7 \mu l}$$

vm — velocidad media
Δp — diferencia de presión
d — diámetro de la tubería
μ — viscosidad del fluido
L — longitud de la tubería
p — presión puntual
Q — caudal
S — sección de la tubería

Determinación del Caudal Punta (probable o instantáneo)

Si solo se tiene en cuenta el número de grifos (aparatos) totales n, se puede hacer uso de la expresión:

$$C_{punta} = K \cdot n \cdot C_{instalado}$$

siendo válida para un total máximo de grifos del orden de 500 (equivalente a 50 viviendas tipo C aproximadamente)

Si se quiere calcular el caudal punta servido por un tramo que abastece N viviendas iguales, de caudal instalado por vivienda Ci, se podrá aplicar la siguiente expresión, en la que K y K' son los coeficientes de simultaneidad ya indicados

$$C_{punta} = N \cdot K \cdot K' \cdot C_{instalado}$$

Caudal instalado y punta según el tipo de vivienda, calculado con la expresión general de K, con $\alpha = 2$

TIPO VIVIENDA	$C_{INSTAL.}$ (L/S)	N APARATOS	K	C_{PUNTA} (L/S)
A	0,5	3	0,754	0,353
B	0,8	5	0,559	0,447
C	1,5	8	0,444	0,667
D	1,9	11	0,387	0,736
E	2,7	16	0,333	0,901

* **Métodos aplicables**

Caudales instantáneos mínimos de A.C.S. de cada tipo de aparato sanitario

Tipo de aparato	Caudal instantáneo mínimo	
	(l/s)	(m³/h)
Lavabo	0,065	0,234
Ducha	0,100	0,360
Bañera > 1,40 m	0,200	0,720
Bañera < 1,40 m	0,133	0,478
Bidé	0,065	0,234
Fregadero de vivienda	0,100	0,360
Lavadero	0,133	0,478

b) Establecimiento del criterio de simultaneidad en el tramo de cálculo ⇒ Gráficamente o aplicando la siguiente fórmula:

$$K_{simult} = \frac{1}{\sqrt{n-1}}$$

Para un **nº** de aparatos comprendido entre **1 y 26**, y con un valor mínimo de **0,2**

c) Determinación del caudal de cálculo ⇒ Se obtiene aplicando la siguiente fórmula:

$$Q_c = Q_b \cdot K$$

Siendo **Qc** el caudal de cálculo y **Qb** la suma de caudales instantáneos en cada tramo, en (m³/s)

d) Selección del tramo más desfavorable de la instalación ⇒ Será aquel que ofrezca una mayor pérdida de presión

PRESIÓN, RELACIÓN PRESIÓN-ALTURA, PÉRDIDAS DE CARGA, GOLPE DE ARIETE

Presión

La presión en los fluidos

El concepto de presión es muy general y por ello puede emplearse siempre que exista una fuerza actuando sobre una superficie. Sin embargo, su empleo resulta especialmente útil cuando el cuerpo o sistema sobre el que se ejercen las fuerzas es deformable. Los fluidos no tienen forma propia y constituyen el principal ejemplo de aquellos casos en los que es más adecuado utilizar el concepto de presión que el de fuerza.

Cuando un fluido está contenido en un recipiente, ejerce una fuerza sobre sus paredes y, por tanto, puede hablarse también de presión. Si el fluido está en equilibrio las fuerzas sobre las paredes son perpendiculares a cada porción de superficie del recipiente, ya que de no serlo existirían componentes paralelas que provocarían el desplazamiento de la masa de fluido en contra de la hipótesis de equilibrio. La orientación de la superficie determina la dirección de la fuerza de presión, por lo que el cociente de ambas, que es precisamente la presión, resulta independiente de la dirección; se trata entonces de una magnitud escalar.

Relación Presión – Altura

Una columna de líquido ejerce como consecuencia de su propio peso, una presión sobre la superficie en que actúa.

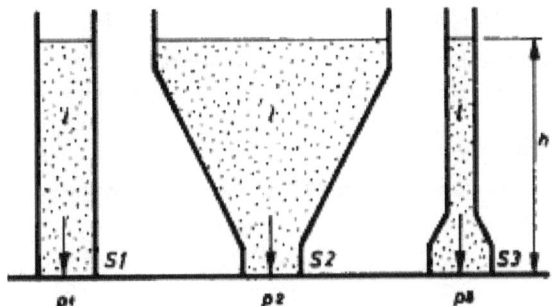

La presión (p) está en función de la altura (h) de la columna, de la densidad (d) del líquido y de la gravedad (g); **p = h.d.g**

La presión ejercida sobre el fondo de los diferentes recipientes de igual sección, es la misma, con independencia de su forma, si las alturas (h) son iguales.

Presión: p1 = p2 = p3; S1 = S2 = S3; sección el mismo líquido (1) en los tres recipientes

Presión por fuerzas externas (Ley de Pascal)

La presión ejercida sobre un líquido se transmite por igual en todas las direcciones.

Presión: Es la fuerza (F) que se ejerce, por unidad de superficie.

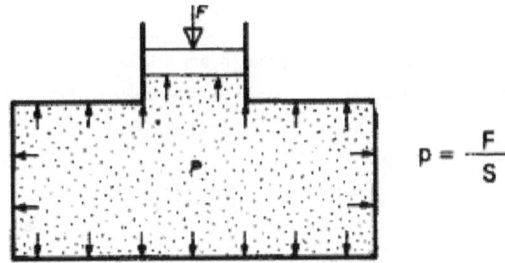

$$p = \frac{F}{S}$$

Presión de una columna de agua (c.d.a.): 10 m de c.d.a., 10 m ejercen una presión de 1 bar sobre el fondo.

PRESIÓN:

Presión Hidrostática:

Si llamamos P (en Nw) a la Presión que ejerce el agua sobre una superficie S (en m^2), y cuyo C.D.G. se encuentre a h (metros) de profundidad, esta presión será:

P = Presión hidrostática (Nw) $P = \delta \cdot s \cdot h$, siendo: $\delta \Rightarrow$ Peso específico (Nw / m^3) y
γ = Masa específica (Kg / m^3) $\delta = \gamma \cdot g$,   siendo: g $\Rightarrow$ Constante gravitacional (m / s^2)

Considerando S como sección horizontal con valor la unidad, para un fluido de $\delta = 1$ (agua), será:

P = h   (Esta Presión se puede medir en m.c.a. o mm.c.a.)

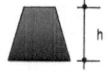

* Conceptos básicos

En el S.I. la unidad para medir la Presión es el PASCAL: [P_a] = Nw / m^2, que representa la fuerza ejercida por un Newton sobre una superficie de un metro cuadrado.

En la práctica, el Pa es una unidad muy pequeña, por ello el S.I. admite el: bar y el milibar.

1 bar = 100.000 Pa;   1 mbar = 100 Pa

Así pues, se utiliza:

1 bar = 1 Kgf / cm^2 = 1 "Kilo" / cm^2 = 1 At = 10 m.c.a.

En Instalaciones de Fontanería, la unidad de Presión es la "ATMÓSFERA", que es la presión que ejerce, sobre cada cm^2 de la superficie de la tierra, una columna de aire de unos 60 Km ; o sea, el espesor hipotético admitido de la masa atmosférica.

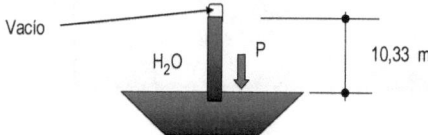

* **Factores condicionantes**

Verificación de la Presión (P) suficiente en un inmueble:

$P \geq 1{,}20 \cdot H + N$ siendo:

- P = Presión disponible en la Red (m.c.a.)
- N = $\begin{cases} 10 \text{ (m)} & \text{Si el punto de consumo más alto es un grifo} \\ 15 \text{ (m)} & \text{Si la alimentación más desfavorable es un} \\ & \text{calentador instantáneo o un fluxómetro} \end{cases}$
- H = Altura del edificio en (m), desde el nivel de la Red

La Presión (P) de cálculo de la Red Interior de un edificio, puede ser:

a) La Presión de la Red de Abastecimiento cuando ésta es suficiente
b) La Presión mínima de un Grupo de Presión situado en la parte baja del edifico (con o sin aljibe)
c) La debida a la altura de un Depósito de Almacenamiento situado en la cubierta del inmueble, y servido por una motobomba ubicada en la base del mismo

   * Se recurre a las soluciones b) y c), cuando a) es insuficiente
   ** La solución b) es la más conveniente de las dos últimas

Determinación de la Altura Manométrica requerida en el Grupo

$$Pa = Hg + Hc + Hr + Ha$$

Siendo:
- Pa = Presión arranque (m.c.a.)
- Hg = Altura del edificio (m), desde el eje de bombeo
- Hc = Pérdidas de carga (se puede tomar: 15 % de Hg)
- Hr = Altura residual (≈ 15 m.c.a.)
- Ha = Altura de aspiración (positiva o negativa)

Cuando haya más de una bomba, Pa corresponde a la presión total del Grupo cuando la última bomba arranca. Las presiones de arranque de las otras bombas se obtienen restando: 2 ó 3 m por cada una de ellas, para un equipo de 3 bombas máximo

* **Análisis de tipologías**

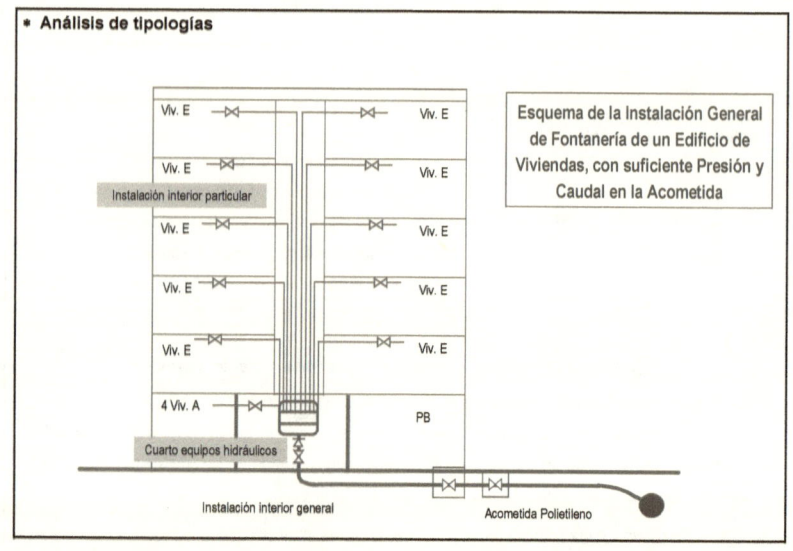

* **Análisis de tipologías**

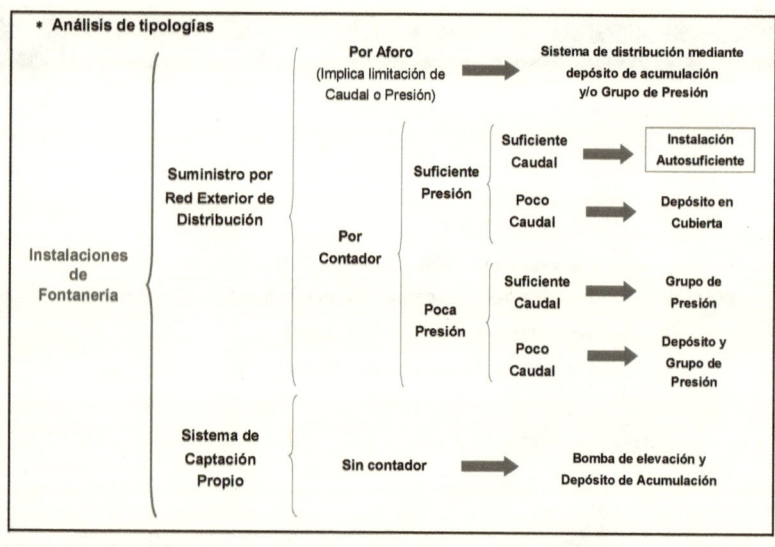

Pérdidas de carga

Todo fluido al circular por un conducto encuentra dos tipos de dificultad o resistencia que originan pérdidas de carga. Estas resistencias son:

- Resistencias localizadas que producen pérdidas de carga locales, tales como curvas, codos, tubos, válvulas, uniones, racores, etc.
- Resistencias distribuidas, que originan pérdidas de carga locales y tienen su origen en el frotamiento.

Las pérdidas de carga se deben principalmente a:

- Caudal Q que circula por el circuito.
- Longitud del circuito.
- Diámetro de la tubería
- Régimen de flujo
- Viscosidad del fluido

Cálculo de la pérdida de carga

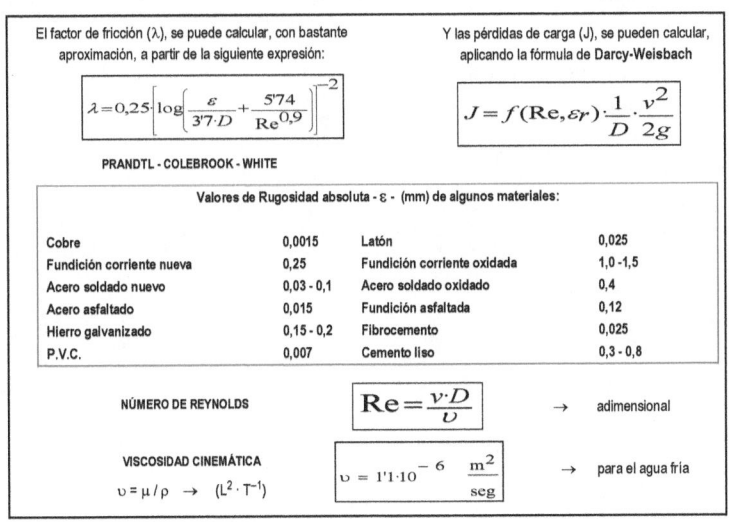

$$\Delta p = \frac{0{,}02295 \cdot \delta \cdot L \cdot Q^2 \cdot f}{d^5}$$

$$\Delta p = \frac{0{,}51 \cdot \delta \cdot L \cdot v^2 \cdot f}{d}$$

Δp — pérdida de carga en Kg/cm²
δ — peso específico del fluido en Kg/dm³
L — longitud de la tubería en metros
Q — caudal que circula en dm³/mn
t — coeficiente de frotamiento
d — diámetro de la tubería en cm
v — velocidad del fluido en m/s

Regímenes de circulación hidráulica

$$Re = (v \cdot D / \nu) \Rightarrow \text{Número de Reynolds}$$

v $\Rightarrow$ Velocidad media en la sección del conducto		(m/s)
D $\Rightarrow$ Diámetro interior en tubos circulares		(m)
ν $\Rightarrow$ Coeficiente de viscosidad cinemática		(m²/s)
Re $\Rightarrow$ Nº de Reynolds		(—)

El Número de Reynolds es un número adimensional que caracteriza la circulación a presión en las tuberías

Para valores de Re < 2000	$\Rightarrow$	El régimen es: LAMINAR
Para valores de 2000 < Re < 3000	$\Rightarrow$	El régimen es: INESTABLE
Para valores de Re > 3000	$\Rightarrow$	El régimen es: TURBULENTO

e) Comprobación del predimensionado:
⇒ Se operará aplicando de forma genérica el método de las **Pérdidas de Carga**

El método más científico e hidráulicamente más exacto, es el de las Pérdidas de Carga

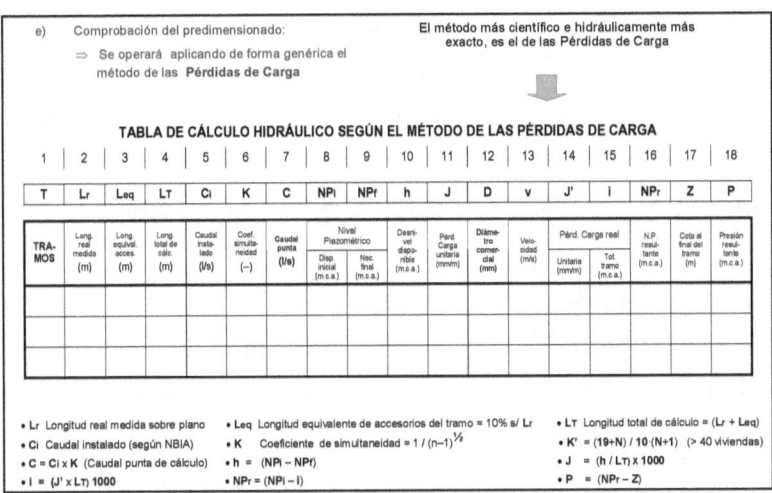

Tabla de cálculo de las pérdidas de carga

- Lr Longitud real medida sobre plano
- Ci Caudal instalado (según NBIA)
- C = Ci x K (Caudal punta de cálculo)
- i = (J' x Lt) 1000
- Leq Longitud equivalente de accesorios del tramo = 10% s/ Lr
- K Coeficiente de simultaneidad = $1/(n-1)^{1/2}$
- h = (NPi – NPr)
- NPr = (NPi – i)
- Lt Longitud total de cálculo = (Lr + Leq)
- K' = (19+N) / 10·(N+1) (> 40 viviendas)
- J = (h / Lt) x 1000
- P = (NPr – Z)

Golpe de ariete

El ruido agudo e intenso conocido como golpe de ariete se produce cuando un flujo estable en un sistema de distribución de líquidos es interrumpido súbitamente, por ejemplo, al cerrar una válvula de acción rápida. Cuando el fluido está en movimiento a través de todo el sistema de tuberías, el momento puede ser grande, incluso a velocidades de flujo relativamente bajas. La interrupción repentina del flujo da como resultado un aumento de la presión extremadamente agudo, que se propaga como una onda (de impacto) desde la válvula hacia aguas arriba. El frente de una onda de la excitación puede reflejarse varias veces hacia adelante y hacia atrás en las distintas partes del sistema hasta que finalmente se disipa la energía.

Hasta cierto punto, el golpe de ariete se produce en un tramo de tubería siempre que el agua que fluye es súbitamente interrumpida. Esta interrupción se produce al cerrar rápidamente válvulas eléctricas, neumáticas o de muelle de carga (solenoides). En una estructura residencial, a veces se produce durante los ciclos de lavado y aclarado del lavarropas o el lavavajillas.

Control del ruido de golpe de ariete

Las fuerzas destructivas asociadas con el golpe de ariete pueden producir rupturas de tuberías, escapes, aflojamiento de conexiones, daños de válvulas, etc. Los impulsos de golpe de ariete asociados con lavarropas y lavavajillas pueden amortiguarse parcialmente mediante la conexión de estas máquinas al suministro de agua mediante conductos flexibles muy largos. La **figura 12** muestra el uso de una tubería encapsulada que aporta una cámara de aire para la supresión del golpe de ariete. La longitud de la tubería es de 30 a 60 cm. (de 12 a 14 in) y puede tener el mismo diámetro, o mayor, que la línea a que sirve. El volumen de la cámara de aire necesaria para servir como 'amortiguador de aire' depende del diámetro nominal de la tubería, la longitud de la rama de la línea y la presión del abastecimiento. Por ejemplo, una tubería de 1/2 in, de 7 a 8 m (25 ft) de longitud, funcionando a 400 kPa (60 psi) de presión de abastecimiento, necesita una cámara de aire que tenga un volumen de 130 cm^3. Si la cámara de aire se llena de agua, deja de ser efectiva. Los equipos comercializados (denominados frenos de golpe de ariete) no están sometidos a esta limitación, porque un diafragma metálico separa el aire del agua. Los frenos de golpe de ariete deben colocarse cerca de las válvulas de acción rápida y también deben instalarse en los extremos de los tramos largos de tubería. Es aconsejable instalar sistemas contra golpe de ariete. En algunos tipos de edificación, son necesarios si se utilizan tuberías de polipropileno para la distribución del agua en el sistema sanitario, ya que estas tuberías pueden desbordarse cuando se ven sometidas a las presiones repentinas generadas por el golpe de ariete. Si en el sistema hay solenoides y otras válvulas de cierre rápido, debe considerarse su instalación.

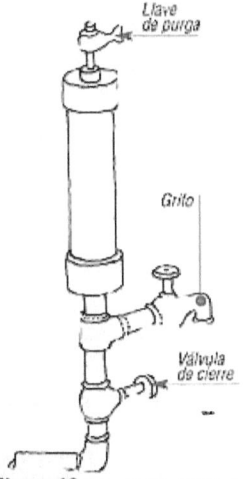

Figura 12. Una tubería encapsulada que sirve como freno del golpe de ariete. El volumen de aire en su interior se utiliza para absorber el impacto generado por el golpe de ariete. Si el aire en el interior se reemplaza por agua, la llave de purga sirve para ventilar la cámara y reactivar la unidad.

3. PROTECCIÓN DE IMPULSIONES CON VÁLVULAS DE AIRE Y VÁLVULA ANTICIPADORA DE PRESIÓN

Esta solución consiste en la instalación de una Válvula Anticipadora de Presión poco después de la bomba para contrarrestar la onda positiva y negativa. Esta última se complementa en toda la conducción con las válvulas de aire, cuyo cometido es el que no sea superada una dada depresión fijada como pauta de selección.

Esta es una solución simple y muy efectiva. Se puede observar la sencillez de su implementación observando la Figura   donde se muestra una instalación típica para la Válvula Anticipadora de presión mencionada.

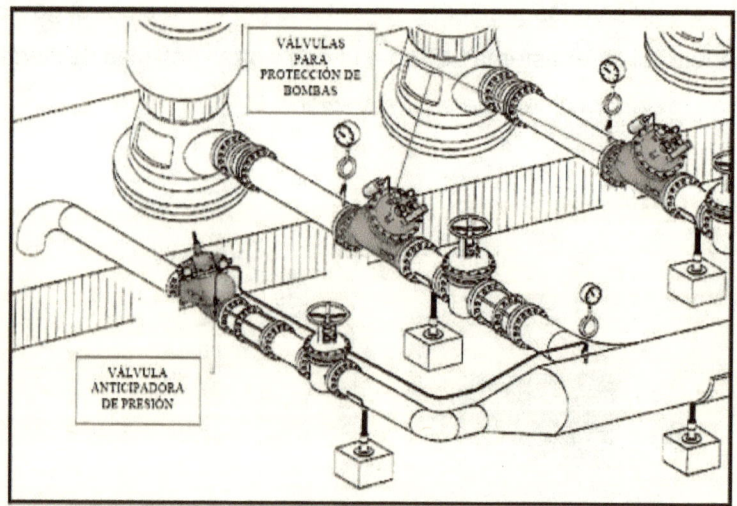

Instalación de Válvulas Anticipadoras de Presión

Nociones Básicas acerca de las Válvulas Anticipadoras de Presión

Este tipo de válvula es automática y está especialmente diseñada para proteger bombas y tuberías del daño resultante de los cambios bruscos de velocidad del flujo ocasionados por el arranque y detención de bombas, especialmente en el caso de detención abrupta a causa de una falla en el suministro de energía.

AUTOEVALUACIÓN

Conceptos fundamentales en fontanería. Caudales y consumos, velocidad, desplazamiento del agua, relación entre caudal, velocidad y sección. Presión, relación presión-altura, pérdidas de carga, golpe de ariete.

---

1. ¿A qué rama pertenece la fontanería?
   a) Metal
   b) Agua
   c) Tubería
   d) Metalurgia
   e) A y d son correctas

2. ¿Cuál de los siguientes puede ser un fluido?
   a) Tierra
   b) Madera
   c) Plomo
   d) Líquido
   e) Ninguna es correcta

3. La tubería de pared rugosa influye sobre el fluido en su:
   a) Viscosidad
   b) Temperatura
   c) Velocidad
   d) Todas son correctas
   e) Ninguna es correcta

4. En una tubería por la que circula el agua, a medida que aumenta la altura, disminuye:
   a) La viscosidad
   b) La velocidad
   c) La temperatura
   d) La presión
   e) Todas son correctas

5. La forma de circulación del agua viene definida por un número. ¿Cuál es ese número?
   a) El número algebraico

b) El número pitagórico
c) El número Logarítmico
d) El número de Reynolds
e) El número de Pascal

6. La circulación del agua puede ser de dos maneras:
a) Laminar y turbulenta
b) Formal y violenta
c) Lineal y borrascosa
d) Vertical y horizontal
e) Ninguna es correcta

7. Qué define el siguiente enunciado: Es el proceso electroquímico mediante el cual se recubre un material con un metal inalterable a la acción corrosiva de la atmósfera o del agua:
a) Cromado
b) Laqueado
c) Galvanizado
d) Plateado
e) Lustrado

8. ¿Cuál de los siguientes corresponde a propiedades de los fluidos?
a) Régimen de flujo
b) Fluidez
c) Compresibilidad
d) Todas son correctas
e) Ninguna es correcta

9. Qué define el siguiente enunciado: Viene dada por la mayor o menor resistencia de las moléculas de los fluidos a desplazarse unas sobre otras:
a) Velocidad
b) Compresibilidad
c) Volatilidad
d) Compatibilidad
e) Viscosidad

10. ¿Qué le sucede a un fluido cuando se lo somete a determinada presión?

a) Se desintegra
b) Se desmoleculiza
c) Se cristaliza
d) Se comprime
e) Se deprime

11. Qué concepto se debe tener en cuenta para determinar las pérdidas de carga que se originan en un fluido que circula por un conducto:
a) Régimen de Presión
b) Régimen de viscosidad
c) Régimen de compresión
d) Régimen de flujo
e) Ninguna es correcta

12. El caudal es la cantidad de líquido (agua) que fluye en un determinado lugar por unidad de:
a) Presión
b) Velocidad
c) Espacio
d) Flujo
e) Tiempo

13. Qué principio define el siguiente enunciado: Todos los cuerpos sumergidos en un líquido en reposo, experimentan un empuje hacia arriba, igual al peso del líquido desalojado:
a) Principio de Pascal
b) Principio de Torricelli
c) Principio de Arquímedes
d) Principio de los fluidos
e) Principio de Newton

14. Señalar el término correcto que falta en esta definición. En la relación presión - altura, la presión (p) está en función de la altura (h) de la columna, de la densidad (d) del líquido y de:
a) La viscosidad
b) La gravedad
c) La fluidez
d) La rugosidad
e) Ninguna es correcta

15. A qué Ley de la presión de los líquidos se refiere este enunciado: La presión ejercida sobre un líquido se transmite por igual en todas las direcciones:
    a) Ley de Einstein
    b) Ley de Newton
    c) Ley de Torricelli
    d) Ley de Pascal
    e) Ninguna es correcta

16. ¿Qué es la fuerza (F) que se ejerce, por unidad de superficie?
    a) Fluidez
    b) Viscosidad
    c) Velocidad
    d) Tiempo
    e) Presión

17. En las pérdidas de cargas, ¿Cuántos tipos de resistencias originan dichas pérdidas de carga?
    a) Uno
    b) Dos
    c) Tres
    d) Cuatro
    e) Cinco

18. Las Resistencias que producen pérdidas de carga locales, tales como curvas, codos, tubos, válvulas, uniones, racores, etc.; se denominan:
    a) Centralizadas
    b) Localizadas
    c) Laterales
    d) Lineales
    e) Verticales

19. Las Resistencias, que originan pérdidas de carga locales y tienen su origen en el frotamiento; se denominan:
    a) Constituidas
    b) Centralizadas
    c) Verticales
    d) Distribuidas
    e) Localizadas

20. Las pérdidas de carga se deben principalmente a:
   a) Longitud del circuito
   b) Diámetro de la tubería
   c) Viscosidad del fluido
   d) Todas son correctas
   e) Ninguna es correcta

21. Cómo se denomina el ruido agudo e intenso que se produce cuando un flujo estable en un sistema de distribución de líquidos es interrumpido súbitamente, por ejemplo, al cerrar una válvula de acción rápida:
   a) Golpe de presión
   b) Golpe de efecto
   c) Golpe de ariete
   d) Golpe de tuberías
   e) Golpe de fluido

22. Pueden producir rupturas de tuberías, escapes, aflojamiento de conexiones, daños de válvulas, etc., las fuerzas destructivas asociadas con:
   a) El Golpe de presión
   b) El golpe de efecto
   c) El golpe de ariete
   d) El golpe de tuberías
   e) El golpe de fluido

23. Contra los excesos de presión que puedan producirse en una tubería, se utilizan:
   a) Tubería encapsulada
   b) Válvulas de aire
   c) Válvulas anticipadoras de presión
   d) Todas son correctas
   e) Ninguna es correcta

SOLUCIONARIO

1. ¿A qué rama pertenece la fontanería?
    e) A y d son correctas

La fontanería es una profesión de la rama de la metalurgia o del metal, encargada de las instalaciones de abastecimiento de agua potable y evacuación de aguas residuales, así como las instalaciones de calefacción en edificaciones y otras construcciones.

2. ¿Cuál de los siguientes puede ser un fluido?
    d) Líquido

Un fluido es un líquido o un gas. Carece de forma propia, adoptando la forma del recipiente que lo contiene. Lo contrario a un fluido es un sólido.

3. La tubería de pared rugosa influye sobre el fluido en su:
    c) Velocidad

Tuberías de paredes rugosas y paredes lisas. En una tubería de paredes lisas, el agua circula con menos rozamiento que en una de paredes rugosas, por lo que si tenemos dos tuberías del mismo diámetro pero una de ellas es de pared lisa y la otra de pared rugosa, el agua circulará con mayor velocidad, en la tubería de pared lisa.

4. En una tubería por la que circula el agua, a medida que aumenta la altura, disminuye:
    d) La presión

Presión y altura
En una tubería por la que circula el agua, a medida que aumenta la altura, disminuye la presión del agua y viceversa.

5. La forma de circulación del agua viene definida por un número. ¿Cuál es ese número?
    d) El número de Reynolds

Sólo debemos saber que esta forma de circulación del agua viene definida por un número: el número de Reynolds, de manera que cuando este número es menor de 2000, el régimen es laminar y, cuando es mayor de 2000, se considera régimen turbulento.

6. La circulación del agua puede ser de dos maneras:
   a) **Laminar y turbulenta**

Es un concepto relacionado con la forma que tiene el agua de circular por el interior de una tubería. Esta circulación puede ser de dos maneras: laminar (cuando el chorro es uniforme) y turbulenta (cuando la velocidad es suficientemente grande como para que el agua que circula por la tubería se comporte de forma que se creen turbulencias).

7. Qué define el siguiente enunciado: Es el proceso electroquímico mediante el cual se recubre un material con un metal inalterable a la acción corrosiva de la atmósfera o del agua:
   c) **Galvanizado**

Galvanizado
Es el proceso electroquímico mediante el cual se recubre un material con un metal inalterable a la acción corrosiva de la atmósfera o del agua.

8. ¿Cuál de los siguientes corresponde a propiedades de los fluidos?
   d) **Todas son correctas**

Las propiedades de los fluidos son: a) Fluidez, b) Viscosidad, c) Compresibilidad y d) Régimen de flujo.

9. Qué define el siguiente enunciado: Viene dada por la mayor o menor resistencia de las moléculas de los fluidos a desplazarse unas sobre otras:
   e) **Viscosidad**

La viscosidad viene dada por la mayor o menor resistencia de las moléculas de los fluidos a desplazarse unas sobre otras

10. ¿Qué le sucede a un fluido cuando se lo somete a determinada presión?
   d) **Se comprime**

Compresibilidad
Un fluido sometido a presión se comprime

11. Qué concepto se debe tener en cuenta para determinar las pérdidas de carga que se originan en un fluido que circula por un conducto:

d) Régimen de flujo
El flujo puede circular por un conducto en régimen laminar o turbulento.
Este concepto resulta muy importante a la hora de determinar las pérdidas de carga que se originan en un fluido que circula por un conducto.

12. El caudal es la cantidad de líquido (agua) que fluye en un determinado lugar por unidad de:
e) Tiempo
Caudal. El caudal es la cantidad de líquido (agua) que fluye en un determinado lugar por unidad de tiempo.

13. Qué principio define el siguiente enunciado: Todos los cuerpos sumergidos en un líquido en reposo, experimentan un empuje hacia arriba, igual al peso del líquido desalojado:
c) Principio de Arquímedes
Principio de Arquímedes. Todos los cuerpos sumergidos en un líquido en reposo, experimentan un empuje hacia arriba, igual al peso del líquido desalojado.

14. Señalar el término correcto que falta en esta definición. En la relación presión – altura, la presión (p) está en función de la altura (h) de la columna, de la densidad (d) del líquido y de:
b) La gravedad
Relación Presión – Altura. Una columna de líquido ejerce como consecuencia de su propio peso, una presión sobre la superficie en que actúa. La presión (p) está en función de la altura (h) de la columna, de la densidad (d) del líquido y de la gravedad (g); **$p = h.d.g$**

15. A qué Ley de la presión de los líquidos se refiere es te enunciado: La presión ejercida sobre un líquido se transmite por igual en todas las direcciones:
d) Ley de Pascal
Presión por fuerzas externas (Ley de Pascal). La presión ejercida sobre un líquido se transmite por igual en todas las direcciones.

16. ¿Qué es la fuerza (F) que se ejerce, por unidad de superficie?
e) Presión

Presión: Es la fuerza (F) que se ejerce, por unidad de superficie.

17. ¿En las pérdidas de cargas, cuántos tipos de resistencias originan dichas pérdidas de carga?
    b) Dos
Pérdida de carga
Todo fluido al circular por un conducto encuentra dos tipos de dificultad o resistencia que originan pérdidas de carga.

18. Las Resistencias que producen pérdidas de carga locales, tales como curvas, codos, tubos, válvulas, uniones, racores, etc.; se denominan:
    b) Localizadas
Resistencias localizadas que producen pérdidas de carga locales, tales como curvas, codos, tubos, válvulas, uniones, racores, etc.

19. Las Resistencias, que originan pérdidas de carga locales y tienen su origen en el frotamiento; se denominan:
    d) Distribuidas
Resistencias distribuidas, que originan pérdidas de carga locales y tienen su origen en el frotamiento.

20. Las pérdidas de carga se deben principalmente a:
    d) Todas son correctas
Las pérdidas de carga se deben principalmente a:
- Caudal Q que circula por el circuito.
- Longitud del circuito.
- Diámetro de la tubería
- Régimen de flujo
- Viscosidad del fluido

21. Cómo se denomina el ruido agudo e intenso que se produce cuando un flujo estable en un sistema de distribución de líquidos es interrumpido súbitamente, por ejemplo, al cerrar una válvula de acción rápida:
    c) Golpe de ariete
El ruido agudo e intenso conocido como golpe de ariete se produce cuando un flujo estable en un sistema de distribución de líquidos es interrumpido súbitamente, por ejemplo, al cerrar una válvula de acción rápida.

22. Pueden producir rupturas de tuberías, escapes, aflojamiento de conexiones, daños de válvulas, etc., las fuerzas destructivas asociadas con:
   c) El golpe de ariete

Control del ruido de golpe de ariete: Las fuerzas destructivas asociadas con el golpe de ariete pueden producir rupturas de tuberías, escapes, aflojamiento de conexiones, daños de válvulas, etc.

23. Contra los excesos de presión que puedan producirse en una tubería, se utilizan:
   d) Todas son correctas

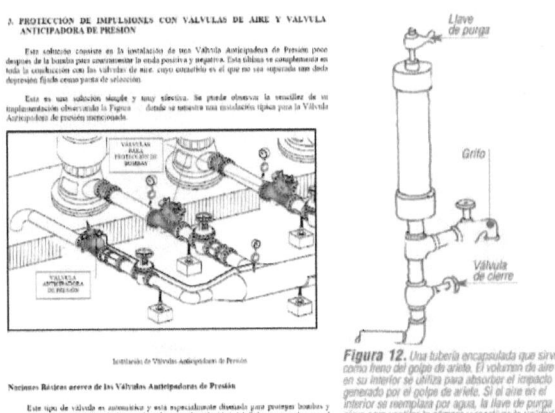

Soldaduras. Tipos, materiales a emplear y técnicas.

SOLDADURAS

La soldadura es un proceso de unión de materiales, en el cual se funden las superficies de contacto de dos o más partes mediante la aplicación de calor o presión.

La integración de las partes que se unen mediante soldadura se llama ensamble soldado.

Muchos procesos de soldadura se obtienen solamente por el calor sin aplicar presión. Otros se obtienen mediante una combinación de calor y presión, y unos únicamente por presión sin aportar calor externo.

En algunos casos se agrega un material de aporte o relleno para facilitar la fusión. La soldadura se asocia con partes metálicas, pero el proceso también se usa para unir plásticos.

La soldadura es un proceso importante en la industria por diferentes motivos:

- Proporciona una unión permanente y las partes soldadas se vuelven una sola unidad.
- La unión soldada puede ser más fuerte que los materiales originales si se usa un material de relleno que tenga propiedades de resistencia superiores a la de los metales originales y se aplican las técnicas correctas de soldar.
- La soldadura es la forma más económica de unir componentes. Los métodos alternativos requieren las alteraciones más complejas de las formas (Ej. Taladrado de orificios y adición de sujetadores:

remaches y tuercas). El ensamble mecánico es más pesado que la soldadura.
- La soldadura no se limita al ambiente de fábrica, se puede realizar en el campo.

Además de las ventajas indicadas, tiene también desventajas:
- La mayoría de las operaciones de soldadura se hacen manualmente, lo cual implica alto costo de mano de obra. Hay soldaduras especiales y la realizan personas muy calificadas.
- La soldadura implica el uso de energía y es peligroso.
- Por ser una unión permanente, no permite un desensamble adecuado. En los casos cuando es necesario mantenimiento en un producto no debe utilizarse la soldadura como método de ensamble.

La unión soldada puede tener defectos de calidad que son difíciles de detectar. Estos defectos reducen la resistencia de la unión.

Historia de la soldadura

Es difícil obtener una relación exacta del perfeccionamiento de la soldadura y de las personas que participaron, porque se estaban efectuando muchos experimentos y técnicas de soldadura en diferentes países y al mismo tiempo. Quienes experimentos en un país también tenían dificultades.

En aquellos lejanos tiempos, en comunicarse con los de otros países. Aunque el trabajo los metales y la unión de los mismos datan de hace siglos, tal parece que la soldadura, tal como la conocemos en la actualidad, hizo su aportación alrededor del año 1900.

La historia de la soldadura no estaría completa sin mencionar las contribuciones realizadas por los antiguos metalúrgicos.

Existen manuscritos que detallan el hermoso trabajo en metales realizado en tiempos de los Faraones de Egipto, en el Antiguo Testamento el trabajo en metal se menciona frecuentemente.

En el tiempo del Imperio Romano ya se habían desarrollado algunos procesos, los principales eran soldering brazing y la forja.

La forja fue muy importante en la civilización romana es así como a Volcano, dios del fuego, se le atribuía gran habilidad en este proceso y otras artes realizados con metales.

Soldadura, en ingeniería, procedimiento por el cual dos o más piezas de metal se unen por aplicación de calor, presión, o una combinación de ambos, con o sin al aporte de otro metal, llamado metal de aportación, cuya temperatura de fusión es inferior a la de las piezas que se han de soldar.

La mayor parte de procesos de soldadura se pueden separar en dos categorías: soldadura por presión, que se realiza sin la aportación de otro material mediante la aplicación de la presión suficiente y normalmente ayudada con calor, y soldadura por fusión, realizada mediante la aplicación de calor a las superficies, que se funden en la zona de contacto, con o sin aportación de otro metal. En cuanto a la utilización de metal de aportación se distingue entre soldadura ordinaria y soldadura autógena. Esta última se realiza sin añadir ningún material. La soldadura ordinaria o de aleación se lleva a cabo añadiendo un metal de aportación que se funde y adhiere a las piezas base, por lo que realmente éstas no participan por fusión en la soldadura. Se distingue también entre soldadura blanda y soldadura dura, según sea la temperatura de fusión del metal de aportación empleado; la soldadura blanda utiliza metales de aportación cuyo punto de fusión es inferior a los 450 °C, y la dura metales con temperaturas superiores.

Gracias al desarrollo de nuevas técnicas durante la primera mitad del siglo XX, la soldadura sustituyó al atornillado y al remachado en la construcción de muchas estructuras, como puentes, edificios y barcos. Es una técnica fundamental en la industria del motor, en la aeroespacial, en la fabricación de maquinaria y en la de cualquier producto hecho con metales.

El tipo de soldadura más adecuado para unir dos piezas de metal depende de las propiedades físicas de los metales, de la utilización a la que está destinada la pieza y de las instalaciones disponibles. Los procesos de soldadura se clasifican según las fuentes de presión y calor utilizadas.

El procedimiento de soldadura por presión original es el de soldadura de fragua, practicado durante siglos por herreros y artesanos. Los metales se calientan en un horno y se unen a golpes de martillo. Esta técnica se utiliza cada vez menos en la industria moderna.

Soldadura ordinaria o de aleación

Es el método utilizado para unir metales con aleaciones metálicas que se funden a temperaturas relativamente bajas. Se suele diferenciar entre soldaduras duras y blandas, según el punto de fusión y resistencia de la aleación utilizada. Los metales de aportación de las soldaduras blandas son aleaciones de plomo y estaño y, en ocasiones, pequeñas cantidades de bismuto. En las soldaduras duras se emplean aleaciones de plata, cobre y cinc (soldadura de plata) o de cobre y cinc (latón soldadura).

Para unir dos piezas de metal con aleación, primero hay que limpiar su superficie mecánicamente y recubrirla con una capa de fundente, por lo general resina o bórax. Esta limpieza química ayuda a que las piezas se unan con más fuerza, ya que elimina el óxido de los metales. A continuación se calientan las superficies con un soldador o soplete, y cuando alcanzan la temperatura de fusión del metal de aportación se aplica éste, que corre libremente y se endurece cuando se enfría. En el proceso llamado de resudación se aplica el metal de aportación a las piezas por separado, después se colocan juntas y se calientan. En los procesos industriales se suelen emplear hornos para calentar las piezas.

Este tipo de soldadura lo practicaban ya, hace más de 2.000 años, los fenicios y los chinos. En el siglo I d.C., Plinio habla de la soldadura con estaño como procedimiento habitual de los artesanos en la elaboración de ornamentos con metales preciosos; en el siglo XV se conoce la utilización del bórax como fundente.

Soldadura por fusión

Este tipo agrupa muchos procedimientos de soldadura en los que tiene lugar una fusión entre los metales a unir, con o sin la aportación de un metal, por lo general sin aplicar presión y a temperaturas superiores a las que se trabaja en las soldaduras ordinarias. Hay muchos procedimientos, entre los que destacan la soldadura por gas, la soldadura por arco y la aluminotérmica.

Otras más específicas son la soldadura por haz de partículas, que se realiza en el vacío mediante un haz de electrones o de iones, y la soldadura por haz luminoso, que suele emplear un rayo láser como fuente de energía.

Soldadura por gas

La soldadura por gas o con soplete utiliza el calor de la combustión de un gas o una mezcla gaseosa, que se aplica a las superficies de las piezas y a la varilla de metal de aportación. Este sistema tiene la ventaja de ser portátil ya que no necesita conectarse a la corriente eléctrica.

Según la mezcla gaseosa utilizada se distingue entre soldadura oxiacetilénica (oxígeno/acetileno) y oxhídrica (oxígeno/hidrógeno), entre otras.

Soldadura por arco

Los procedimientos de soldadura por arco son los más utilizados, sobre todo para soldar acero, y requieren el uso de corriente eléctrica. Esta corriente se utiliza para crear un arco eléctrico entre uno o varios electrodos aplicados a la pieza, lo que genera el calor suficiente para fundir el metal y crear la unión.

La soldadura por arco tiene ciertas ventajas con respecto a otros métodos. Es más rápida debido a la alta concentración de calor que se genera y por lo tanto produce menos distorsión en la unión. En algunos casos se utilizan electrodos fusibles, que son los metales de aportación, en forma de varillas recubiertas de fundente o desnudas; en otros casos se utiliza un electrodo refractario de volframio y el metal de aportación se añade aparte.

Los procedimientos más importantes de soldadura por arco son con electrodo recubierto, con protección gaseosa y con fundente en polvo.

Soldadura por arco con electrodo recubierto

En este tipo de soldadura el electrodo metálico, que es conductor de electricidad, está recubierto de fundente y conectado a la fuente de corriente. El metal a soldar está conectado al otro borne de la fuente eléctrica. Al tocar con la punta del electrodo la pieza de metal se forma el arco eléctrico. El intenso calor del arco funde las dos partes a unir y la punta del electrodo, que constituye el metal de aportación. Este procedimiento, desarrollado a principios del siglo XX, se utiliza sobre todo para soldar acero.

Soldadura por arco con protección gaseosa

Es la que utiliza un gas para proteger la fusión del aire de la atmósfera. Según la naturaleza del gas utilizado se distingue entre soldadura MIG, si utiliza gas inerte, y soldadura MAG, si utiliza un gas activo. Los gases inertes utilizados como protección suelen ser argón y helio; los gases activos suelen ser mezclas con dióxido de carbono. En ambos casos el electrodo, una varilla desnuda o recubierta con fundente, se funde para rellenar la unión.

Otro tipo de soldadura con protección gaseosa es la soldadura TIG, que utiliza un gas inerte para proteger los metales del oxígeno, como la MIG, pero se diferencia en que el electrodo no es fusible; se utiliza una varilla refractaria de volframio. El metal de aportación se puede suministrar acercando una varilla desnuda al electrodo.

Soldadura por arco con fundente en polvo

Este procedimiento, en vez de utilizar un gas o el recubrimiento fundente del electrodo para proteger la unión del aire, usa un baño de material fundente en polvo donde se sumergen las piezas a soldar. Se pueden emplear varios electrodos de alambre desnudo y el polvo sobrante se utiliza de nuevo, por lo que es un procedimiento muy eficaz.

Soldadura aluminotérmica

El calor necesario para este tipo de soldadura se obtiene de la reacción química de una mezcla de óxido de hierro con partículas de aluminio muy finas. El metal líquido resultante constituye el metal de aportación. Se emplea para soldar roturas y cortes en piezas pesadas de hierro y acero, y es el método utilizado para soldar los raíles o rieles de los trenes.

Soldadura por presión

Este método agrupa todos los procesos de soldadura en los que se aplica presión sin aportación de metales para realizar la unión. Algunos procedimientos coinciden con los de fusión, como la soldadura con gases por presión, donde se calientan las piezas con una llama, pero difieren en que la unión se hace por presión y sin añadir ningún metal. El proceso más utilizado es el de soldadura por resistencia; otros son la soldadura por fragua (descrita más arriba), la soldadura por fricción y otros métodos más recientes como la soldadura por ultrasonidos.

Soldadura por resistencia

Este tipo de soldadura se realiza por el calentamiento que experimentan los metales debido a su resistencia al flujo de una corriente eléctrica. Los electrodos se aplican a los extremos de las piezas, se colocan juntas a presión y se hace pasar por ellas una corriente eléctrica intensa durante un instante. La zona de unión de las dos piezas, como es la que mayor resistencia eléctrica ofrece, se calienta y funde los metales. Este procedimiento se utiliza mucho en la industria para la fabricación de láminas y alambres de metal, y se adapta muy bien a la automatización.

TIPOS, MATERIALES A EMPLEAR Y TÉCNICAS

Desarrollo de los tipos de soldadura y sus técnicas de aplicación

Soldadura por Fusión
Soldadura de Estado Sólido

A. Soldadura por fusión

Este tipo de soldadura usa calor para fundir los metales base.
En muchos casos se añade un metal de aporte a la combinación fundida para facilitar el proceso y aportan volumen y resistencia a la unión soldada.
La operación de soldadura por fusión en la cual no se añade un metal de aporte se llama soldadura autógena.

La soldadura por fusión incluye los siguientes grupos:

A.1. <u>Soldadura con Arco Eléctrico</u>
El calentamiento de los metales se obtiene mediante el arco eléctrico.

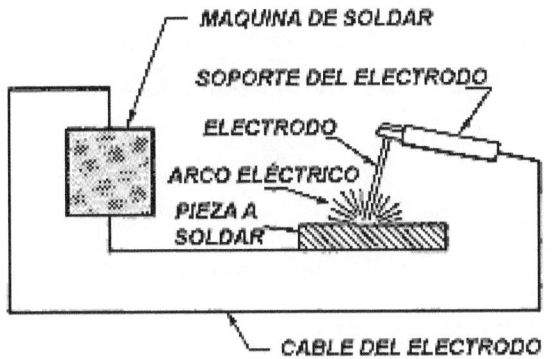

A.2. Soldadura por Resistencia

La fusión se obtiene usando el calor de una resistencia eléctrica para el flujo de una corriente que pasa entre superficies de contacto de las partes sostenidas juntas bajo presión.

A.3. Soldadura con Oxígeno y Gas Combustible

Este tipo de soldadura usa gas de oxígeno combustible tal como una mezcla de oxígeno y acetileno con el propósito de producir una flama caliente para fundir la base metálica y el material de aporte (cuando se utiliza).

B. Soldadura de estado sólido

Este tipo de soldadura se refiere a los procesos de unión en los cuales la fusión proviene de la aplicación de presión solamente, o una combinación de calor y presión. Si se usa calor, la temperatura del proceso está por debajo del punto de fusión de los metales que se van a soldar. No se utiliza un metal de aporte en los procesos de estado sólido. Algunos procesos de este tipo de soldadura incluye:

B.1. Soldadura por Difusión

En este tipo de soldadura se colocan juntas dos superficies bajo presión a una temperatura elevada y se produce coalescencia de las partes por difusión.

B.2. Soldadura por Fricción

La coalescencia de las partes se obtiene mediante el calor de la fricción entre dos superficies.

B.3. Soldadura Ultrasónica

Se realiza aplicando una presión moderada entre las dos partes y un movimiento oscilatorio a frecuencias ultrasónicas en una dirección paralela a la superficie de contacto. La combinación de las fuerzas normales y vibratorias produce intensas tensiones que remueven las películas superficiales y se obtiene una unión atómica de las superficies.

Todas las uniones se hacen por medio de soldaduras. Otros tipos de soldadura dependen del tipo de unión y del proceso de soldadura

*** Soldadura de Filete**

Para rellenar los bordes de las placas unidas por uniones de esquinas, sobrepuestas, en "T"; se usa un metal de relleno para proporcionar una sección transversal de un triángulo.

Se hace por medio de la soldadura con arco eléctrico. El oxígeno y gas combustible, porque requiere una mínima preparación de los bordes.

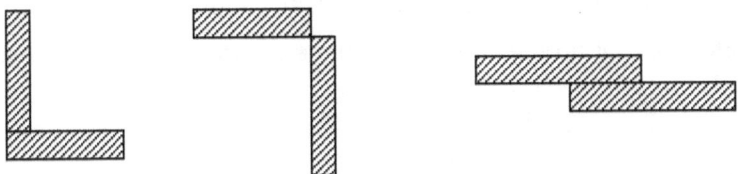

Las líneas punteadas muestran los bordes originales de las partes.

* **Soldadura con Surco o Ranura**

Requiere que se moldeen las orillas de las partes en un surco para facilitar la penetración de la soldadura.

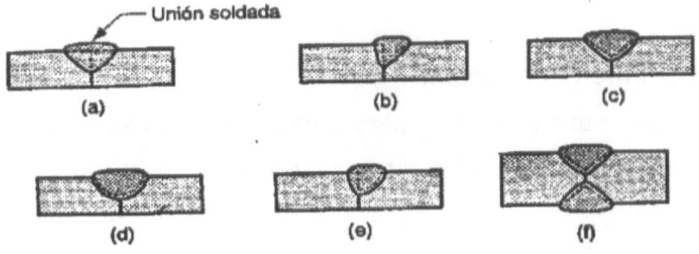

Algunas soldaduras con surco típicas: (a) soldadura con surco cuadrada, un lado; (b) soldadura de bisel único; (c) soldadura con surco en V único; (d) soldadura con surco en U único; (e) soldadura con surco en J único; (f) soldadura con surco en V doble para secciones más gruesas. Las líneas con guiones muestran los bordes originales de las partes.

Aunque se asocia más con una unión empalmada la soldadura con surco se usa en todos tipos de uniones menos en las sobrepuestas.

* Soldaduras con Insertos y Soldaduras Ranuradas

Se usan para unir placas planas. Usan ranuras y huecos en la parte superior que se rellena con material (metal) para fundir las dos partes.

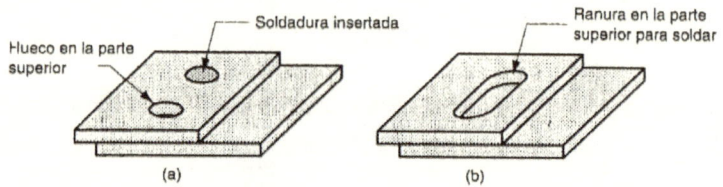

* Soldaduras por Puntos

Es una pequeña sección fundida entre las superficies de dos placas. Se requiere varias soldaduras para unir las partes. Se asocia con la soldadura por resistencia.

* Soldadura Engargolada

Es similar a una de puntos, pero consiste en una sección fundida más o menos continua entre las dos placas.

* Soldadura de Superficie

No se usa para unir partes sino para depositar metal de relleno sobre la superficie de una parte. Las gotas de soldadura se incorporan en una serie de pasadas paralelas sobrepuestas, con la que se cubre grandes áreas de la parte base. El propósito es aumentar grosor de la placa o hacer un recubrimiento protector sobre la superficie.

Procesos de soldadura

El soldador se cala lentes protectores y toma la antorcha o soplete en su mano, cuando la llama entra en combustión, produciendo un ruido característico, el soldador procede a manipular las válvulas de acetileno y oxigeno hasta conseguir una llama neutra, ya que para soldar acero la llama debe arder sin exceso de oxigeno ni de gas, la obtención de una llama neutra no resulta difícil puesto que visualmente se observa un cono fuertemente iluminado, sobre el cual una aureola algo menos blanca.

Un exceso de oxigeno conduce a un quemado del acero o del material que sé este soldando de manera que el cordón de soldadura resulta poco denso y muy quebradizo.

Por el contrario una falta de oxígeno torna inservible el cordón de soldadura, puesto que el acero líquido absorbe el carbono de la llama y el exceso de carbono torna frágil el cordón.

Enseguida, el operador acerca el cono de la llama sobre las chapas que se van a soldar, suponiendo que se están uniendo dos chapas. Cuando ambos cantos se comienzan a fundir, el soldador acerca el metal de aporte (varilla que se agrega) con la mano izquierda, con las gotas que se desprende de este se va llenando el intersticio que queda entre ambas chapas, uniéndolas. Lentamente el soldador avanza con el soplete en la dirección en que se está efectuando el cordón, el caldo se solidifica, formando un cordón de apariencia escamosa.

El soldador puede cambiar el ángulo del soplete respecto a la superficie que soldó, esto unido a una manipulación pertinente del metal de aporte, permite soldar adecuadamente las dos chapas, sin que se produzca, apenas un pegado superficial, que solo produciría un cordón de soldadura aparente, pero no una real unión entre las chapas.

El soldeo requiere de mucha práctica y buen pulso. Un buen soldador puede hacer también uniones tanto verticales como "sobre cabeza".

Puesto que al soldar sobre cabeza podría gotear el metal derretido sobre el operador, el soldador debe aplicar una triquiñuela: sujetar el metal liquido con el metal de aporte, que lo enfría, de manera similar a como se sujeta con el dedo una gota de agua formada en una ventana empanada.

El sistema de soldeo autógeno con gases, permite soldar casi todos los metales: acero de construcción y metales ligeros, incluso las aleaciones de magnesio dejan soldar muy bien.

Solamente el latón constituye una excepción, puesto que el zinc tiende a evaporarse, de manera que el cordón resulta poroso.

A) Soldadura por fusión

A.1. <u>Soldadura con Arco Eléctrico</u>

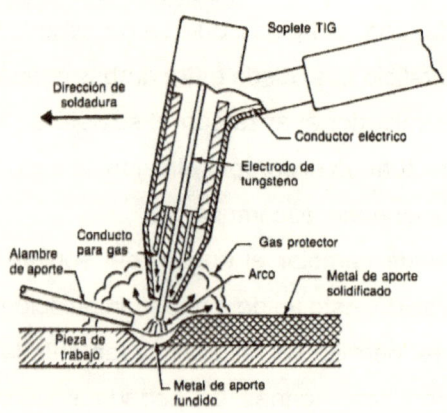

Es un proceso de soldadura por fusión en el cual la unificación de los metales se obtiene mediante el calor de un arco eléctrico entre un electrodo y el trabajo. (El mismo proceso básico se usa en el corte con arco eléctrico).

El arco eléctrico es una descarga de corriente eléctrica a través de una separación en un circuito y se sostiene por la presencia de una columna de gas ionizado (llamado plasma), a través de la cual fluye la corriente.

El arco eléctrico se inicia al acercar el electrodo a la pieza, después del contacto se separa rápidamente de la pieza a una distancia corta.

El arco eléctrico produce temperaturas hasta 5500 °C o más que son suficientes para fundir cualquier metal. Se forma un pozo de metal fundido que consiste en metal base y el metal de aporte (cuando se usa), cerca de la punta del electrodo. En la mayoría de los procesos de soldadura con arco eléctrico se agrega un metal de aporte durante la operación para aumentar el volumen y fortalecer la unión soldada. Conforme el electrodo se mueve a lo largo de la unión, el pozo de metal fundido se solidifica de inmediato.

Los electrodos que se usan en este tipo de soldadura pueden ser consumibles o no consumibles.

Los electrodos consumibles pueden ser en forma de varillas o alambres. El arco eléctrico consume el electrodo durante el proceso de soldadura y este se añade a la unión fundida como metal de relleno. Las desventajas de electrodos de varillas es que deben cambiarse en forma periódica. El alambre tiene la ventaja que se puede alimentar continuamente desde cabinas y esto evita interrupciones frecuentes. Los electrodos no consumibles están hechos de tungsteno que resisten la fusión mediante el arco eléctrico. El electrodo de tungsteno se gasta gradualmente como cualquier herramienta. El metal de relleno debe proporcionarse mediante un alambre separado.

A.1.1 Protección del Arco Eléctrico

En la soldadura con arco eléctrico las altas temperaturas provocan que los metales que se unen reaccionen con el oxígeno, nitrógeno, hidrógeno del aire. Las propiedades mecánicas de la unión soldada pueden degradarse debido a estas condiciones. Para proteger la soldadura, todos los procesos con arco eléctrico están previstos con algún medio para proteger el arco del aire. Esto se logra cubriendo la punta del electrodo, el arco eléctrico y el pozo de la soldadura fundida, con gas, fundente o ambos. Los gases de protección son: el argón, el helio que son inertes. El fundente es una sustancia que se usa para evitar la formación de óxidos, lo disuelve y facilita su fácil remoción. Durante la soldadura, el fundente se derrite y se convierte en escoria líquida que cubre la operación y protege la soldadura. La escoria se endurece a medida que se enfría, y se remueve con cepillo o cincel. También el fundente proporciona una atmósfera protectora, estabiliza el arco eléctrico y reduce las salpicaduras.

El fundente se puede aplicar de las siguientes formas:

- Vaciando el fundente granular en la operación
- Usando electrodo de varilla cubierto con fundente
- Usando electrodos tubulares que contiene fundente en el núcleo

A.1.2 Tipos de Soldadura con Arco Eléctrico con Electrodos Consumibles

*Soldadura con Arco Protegido

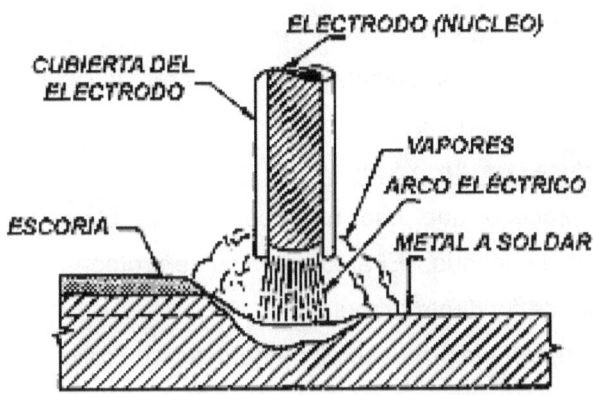

Es un proceso de soldadura con arco eléctrico que usa un electrodo consumible y consiste de una varilla de metal de aporte recubierta con materiales químicos que proporcionan un fundente y protección.

Este proceso se llama también soldadura de varilla. El metal de aporte debe ser compatible con el metal que se va a soldar. El recubrimiento consiste en celulosa pulverizada (polvos de algodón y madera) mezclada con óxidos, carbonatos y otros ingredientes mediante un aglutinante de silicato. En ocasiones se incluyen en el recubrimiento polvos metálicos para aumentar la cantidad de metal de aporte. El calor del proceso funde el recubrimiento y proporciona una atmósfera protectora y escoria. También ayuda a estabilizar el arco eléctrico y regula la velocidad a la que se funde el electrodo.

Desventajas:
- La varilla se cambia periódicamente
- Como varía la longitud del electrodo, esto afecta el calentamiento de la resistencia del electrodo. Los niveles de corriente deben mantenerse dentro de un rango seguro, o el recubrimiento se sobrecalentará y fundirá prematuramente

Soldadura con Arco Sumergido

Es un proceso que usa un electrodo de alambre desnudo consumible continuo. El arco eléctrico se protege mediante una cobertura de fundente granular.

El alambre del electrodo se alimenta desde un rollo. El fundente se introduce a la unión ligeramente adelante del arco de la soldadura por gravedad. El manto de fundente granular cubre por completo la operación de soldadura con arco eléctrico, evitando chispas, salpicaduras, radiaciones que son muy peligrosas. Por lo tanto, el operador no necesita usar la máscara protectora. La parte del fundente más cercano del arco se derrite y se mezcla con el metal de soldadura fundido para remover impurezas que después se solidifican en la parte superior de la unión soldada y forman una escoria con aspecto de vidrio.

Los granos de fundente no derretidos en la parte superior proporcionan una buena protección de la atmósfera y un buen aislamiento térmico para el área soldada.

Esto produce un enfriamiento, bajo una unión soldada de alta calidad con buenos parámetros de resistencia y ductilidad.

El fundente no derretido se puede recuperar y reutilizar. La escoria sólida se quita mediante medios manuales.

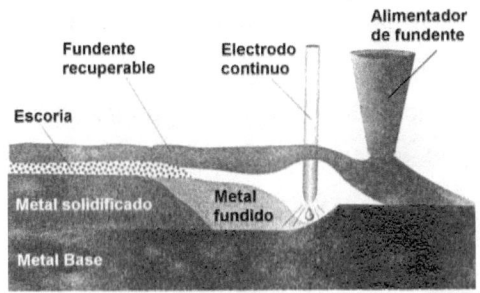

A.1.3 Procesos de Soldadura con arco eléctrico que usan electrodos no consumibles

***Soldadura de Tungsteno con Arco Eléctrico y Gas*

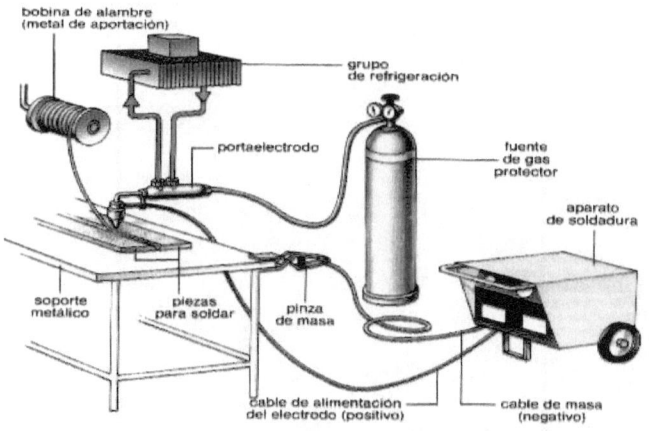

soldadura por arco con protección gaseosa y alambre fusible

El proceso se puede realizar con metal de relleno o sin metal. Cuando se usa un metal de aporte este se agrega al pozo de soldadura desde una varilla separada.

El tungsteno es un buen material para electrodo debido a su alto punto de fusión 3410 °C.

Los gases protectores son argón, helio o mezcla de ellos.

Este tipo de soldadura se aplica a la mayoría de los metales de diferentes espesores, y para combinaciones de metales diferentes.

Las ventajas son:

- Alta calidad
- No hay salpicaduras debido a que no hay material de soporte a través del arco eléctrico
- No requiere limpieza porque no usa fundente.

Soldadura por Arco de Plasma

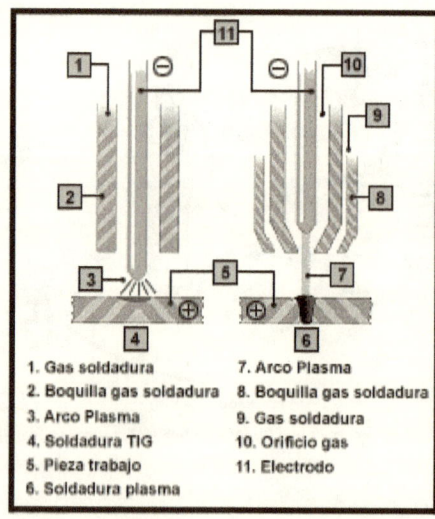

1. Gas soldadura
2. Boquilla gas soldadura
3. Arco Plasma
4. Soldadura TIG
5. Pieza trabajo
6. Soldadura plasma
7. Arco Plasma
8. Boquilla gas soldadura
9. Gas soldadura
10. Orificio gas
11. Electrodo

Es una forma especial de soldar con tungsteno con arco eléctrico y gas protector, en la cual se dirige un arco de plasma controlado al área de soldadura. Se coloca un electrodo de tungsteno dentro de una boquilla que concentra una corriente de gas inerte a alta velocidad en la región del arco eléctrico. Esto forma una corriente de arco de plasma intensamente caliente a alta velocidad.

La temperatura en la soldadura por arco de plasma llega a 28000°C y funde cualquier metal. La razón de estas altas temperaturas proviene de la estrechez del arco eléctrico y la concentración de la energía para producir un ahorro de plasma de diámetro pequeño.

Ventajas:

- Buena estabilidad del arco eléctrico
- Altas velocidades de viaje
- Una excelente calidad de la soldadura

Desventajas:

- Equipo costoso
- El tamaño del soplete limita el acceso en algunas configuraciones de unión

A.2. *Soldadura por Resistencia*

La soldadura por resistencia es un grupo de procesos de soldadura por fusión que utiliza una combinación de calor y presión para obtener una coalescencia. El calor se genera mediante una resistencia eléctrica en la unión que se va a soldar. Los componentes de este tipo de soldadura son: las partes de trabajo que se van a soldar (generalmente láminas metálicas), dos electrodos opuestos, un medio para aplicar presión necesaria para apretar las partes y un transformador de corriente alterna.

La operación produce una zona de fusión entre las dos partes llamada pepita de soldadura.

En comparación con la soldadura con arco eléctrico, la soldadura por resistencia no usa gases protectores fundentes o metales de aporte y los electrodos son no consumibles.

La resistencia en el circuito de soldadura es la suma de: resistencia de los electrodos, la resistencia de las partes de trabajo, las resistencias de contacto entre los electrodos y las partes de trabajo, y la resistencia de contacto entre las partes empalmantes. La situación ideal es que las superficies empalmantes sean la resistencia más grande en la suma. La resistencia de los electrodos se minimiza usando metales con resistividades muy bajas (ej. Cu). La resistencia de las partes es una función de las resistividades de los metales base y los espesores de las partes. La resistencia de contacto entre los electrodos y las partes se determina mediante las áreas de contacto (tamaño y forma del electrodo) y la condición de las superficies (limpieza de las superficies). La resistencia en las superficies empalmadas depende del acabado de la superficie, limpieza, área de contacto, presión. No debe existir proteína, grasa, etc.

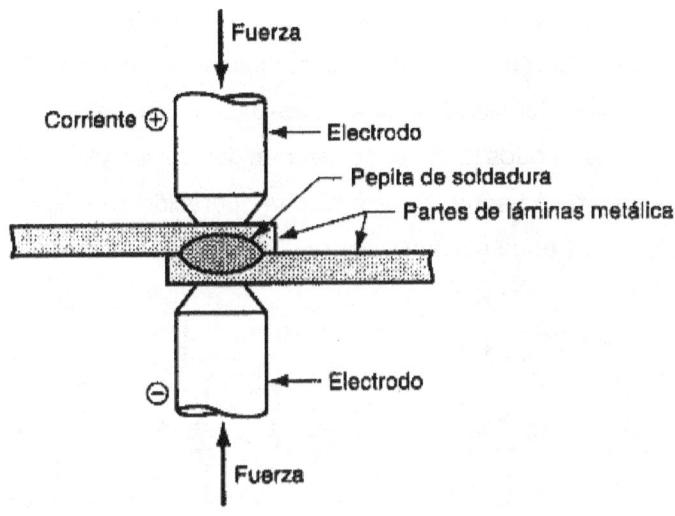

A.2.1 Proceso de Soldadura por Resistencia

* Soldadura de Puntos por Resistencia

La soldadura por puntos por resistencia es el proceso predominante en este grupo. Se usa ampliamente en la producción masiva de automóviles y en otros productos a partir de láminas metálicas.

La soldadura de puntos por resistencias es un proceso en el cual se obtiene la fusión en una posición de las superficies mediante una unión superpuesta mediante electrodos opuestos. El proceso se usa para unir partes de láminas metálicas de 3 mm de espesor. El tamaño y la forma de puntos de soldadura se diferencian por medio de la punta de electrodo, la forma del electrodo más común es redonda. La pepita de soldadura tiene un diámetro de 5 / 10 mm. Los electrodos son hechos de aleaciones basadas en cobre, o combinaciones cobre-tungsteno (que tiene mayor resistencia al desgaste). Como en todos los procesos de manufactura, las herramientas para la soldadura se desgastan gradualmente con el uso. Los electrodos también se diseñan con canales internos para enfriamiento con agua. El ciclo de una operación de soldadura de puntos se da en la siguiente figura.

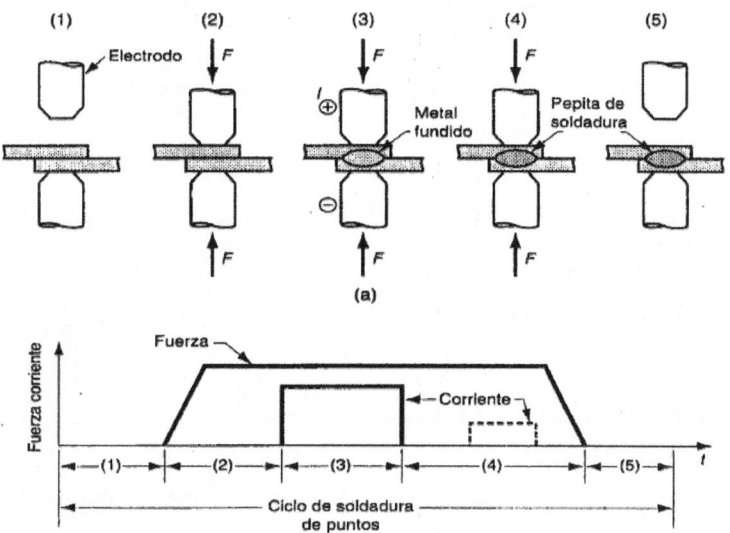

(a) Pasos en un ciclo de soldadura de punto, y (b) gráfica de la fuerza de presión y la corriente durante l ciclo. La secuencia es: (1) partes insertadas entre los electrodos abiertos, (2) los electrodos se cierran y se aplica la fuerza, (3) tiempo de soldadura (se activa la corriente), (4) se desactiva la corriente, pero se mantiene o se aumenta la fuerza (en ocasiones se aplica una corriente reducida cerca del final de este paso para liberar la tensión en la región de la soldadura) y (5) se abren los electrodos y se remueve el ensamble soldado. Debido a su extenso uso industrial, hay disponibles diversas máquinas y métodos para realizar las operaciones de soldadura de puntos. El equipo incluye máquinas de soldadura de puntos con balancín y tipo prensa, así como pistolas portátiles para soldadura. La máquina de soldadura de puntos con balancín tiene un electrodo inferior estacionario y un electrodo superior móvil que sube y baja. El electrodo superior se monta en un balancín, cuyos movimientos es controlado mediante un pedal operado por el trabajador (puede haber máquinas automatizadas de balancín también).

La máquina de soldadura de puntos tipo prensa, son diseñadas para trabajos grandes. El electrodo superior tiene un movimiento en línea recta proporcionado por una prensa vertical. La acción de la prensa, permite que se apliquen fuerzas más grandes y los controles generalmente hacen posibles la programación de los ciclos de soldadura complejas.

Las pistolas portátiles de soldadura son de diferente tamaño. Estos aparatos consisten en dos electrodos opuestos dentro de un mecanismo de tenazas. El aparato es ligero de tal forma que un trabajador o un robot lo pueden sostener y manipular.

* **_Soldadura Engargolado por Resistencia_**

Los electrodos son en forma de ruedas giratorias. El proceso produce uniones herméticas y se usa para la producción de tanques de gasolina y otros recipientes fabricados con lámina de metal.

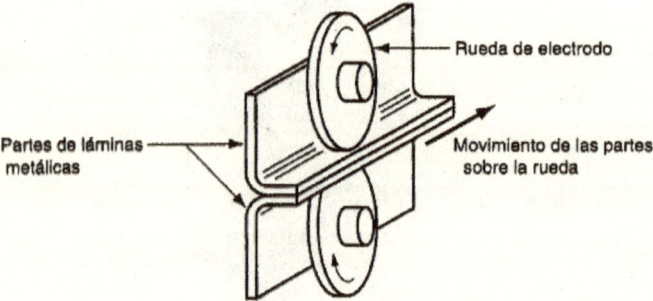

Como la operación generalmente se realiza en forma continua y no separada, la soldadura engargolada debe estar a lo largo de una línea recta o curva, las esquinas u otras irregularidades son difíciles de manejar. La deformación de las partes es el factor más significativo en la soldadura engargolada, por esta causa para sostener el trabajo en la posición correcta y así reducir la distancia.

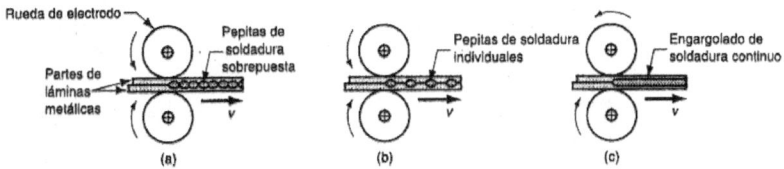

En la figura siguiente se presenta diferentes tipos de soldadura engargolada.

El espacio entre las pepitas de soldadura depende del movimiento de las ruedas de electrodos relacionado con la aplicación de la corriente. Las ruedas giran en forma continua a una velocidad constante y la corriente se activa a intervalos de tiempo que coinciden con el espacio deseado entre las pepitas de soldadura. En la *Fig. a.* la frecuencia de las descargas de corriente se establece para que se produzcan puntos de soldadura sobrepuestos. Si se reduce la frecuencia, habrá espacios entre los puntos de soldadura. *Fig. b.* En otra variable si la corriente de produce un engargolado de soldadura continuo *Fig. c.*

Las máquinas de soldadura engargolada son similares a las máquinas de soldar por puntos de tipo de presión pero en lugar de electrodos en forma de varilla se usan electrodos en forma de ruedas. Para el enfriamiento del trabajo y las ruedas se dirige agua a la parte superior e inferior de las superficies de trabajo cerca de las ruedas de electrodos.

Soldadura por Resistencia Instantánea

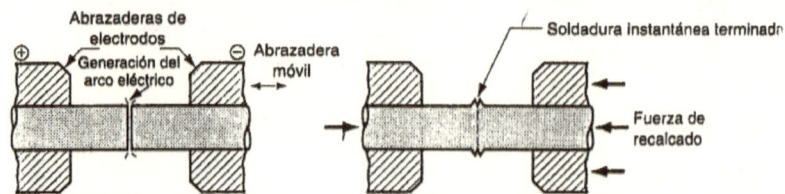

Se usa generalmente en uniones empalmadas, se ponen en contacto o se acercan las dos superficies, se aplica una corriente eléctrica para calentar las superficies hasta su punto de fusión, después de lo cual las superficies se oprimen juntas para formas la soldadura.

La corriente se detiene durante el recalcado.

El material que se desborda en la unión se elimina por maquinado para obtener una superficie uniforme.

A.3. *Soldadura con Oxígeno y Gas Combustible*

La fusión se realiza basándose en la combustión de diferentes gases mezclados con el oxígeno.

Las diferencias entre tipos de soldaduras que pertenecen a este grupo se basan en tipos de gases utilizados.

El oxígeno y gas combustible se usa en sopletes de corte para cortar placas metálicas.

El proceso más importante de este grupo es la soldadura con oxiacetileno.

Soldadura con Oxiacetileno

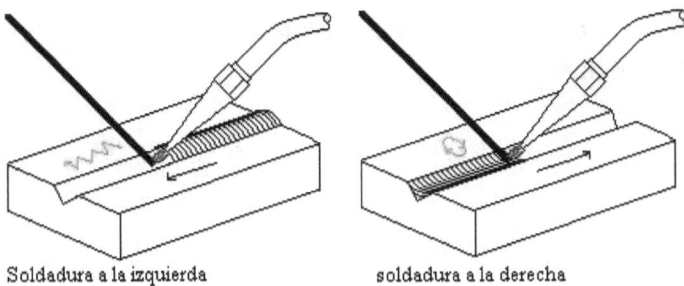

Soldadura a la izquierda   soldadura a la derecha

Es un proceso de soldadura por fusión realizada mediante una flama a partir de la combustión del acetileno y el oxígeno. La flama se dirige mediante un soplete de soldadura. En ocasiones se agrega un metal de aporte en forma de varillas. La composición del metal de aporte debe ser similar a la de los metales base. Con frecuencia se recubre el aporte con un fundente lo cual ayuda a limpiar las superficies, evita la oxidación y produce una mejor unión soldada. El acetileno es el combustible más común. La flama en la soldadura con oxiacetilénico se produce mediante la reacción química del acetileno y el oxígeno en dos etapas.

I Etapa: $C_2H_2 + O_2 \text{-----} 2CO + H_2 + calor$

Los dos productos son combustibles y conduce la reacción de la segunda etapa.

II Etapa: $2CO + H_2 + 1.5°2 \text{------} 2CO_2 + H_2O + calor$

Las dos etapas son visibles en la flama de oxiacetileno que emite el soplete. La reacción de la I etapa se aprecia en el cono interno de la flama (calor blanco brillante), la reacción de la II etapa se observa en la cubierta externa. Casi no tiene color, pero posee matices que van del azul al naranja. La temperatura máxima se alcanza en la punta del cono interno. Durante la soldadura la cubierta externa se extiende y protege la superficie que se unen de la atmósfera.

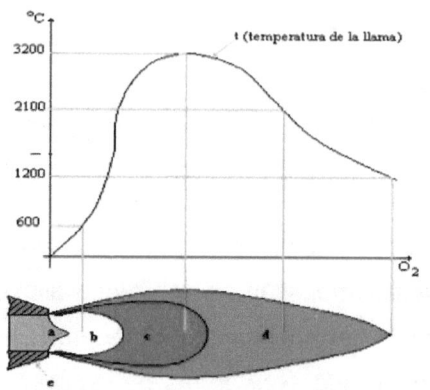

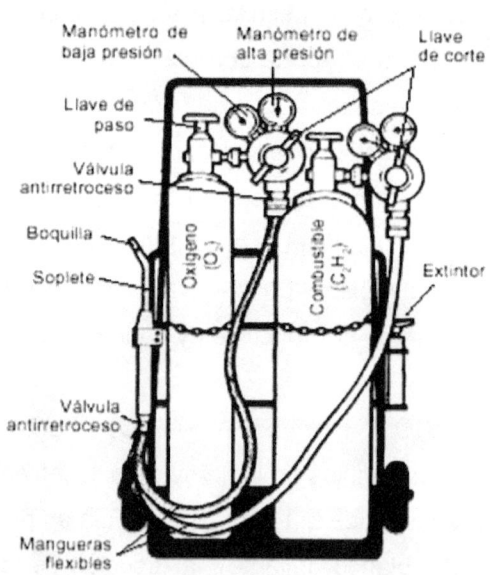

Unos combustibles utilizados son el hidrógeno y el proceso se llama soldadura con oxihidrógeno, el propano, el gas natural, etc. Una aplicación de este tipo de soldadura es:

__La soldadura por Gas a Presión__

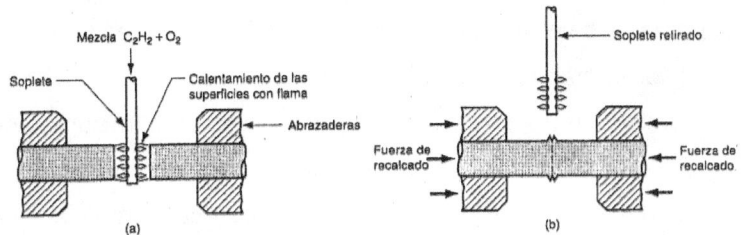

A = calentamiento de las dos partes

B = aplicación de presión para formas la soldadura

La coalescencia de las superficies en contacto se hace calentándolas con una mezcla de combustible (por lo general oxiacetileno) y después aplicando presión para unir las superficies.

En la fig., se calienta las superficies hasta que se realiza la fusión. Después se retira el soplete, se oprimen las partes se sostiene a presiones altas mientras ocurre la solidificación (no se usa material de relleno).

Aplicaciones de la soldadura

a) Construcción de puentes, edificios

b) Producción de tuberías, recipientes, calderas, tanques

c) Construcción naval

d) Industria aeronáutica y espacial

e) Automóviles, ferrocarriles, etc.

El porta electrodos

Tienen la misión de conducir la corriente y el gas de protección hasta la zona de soldeo. Puede ser de refrigeración natural (por aire) o de refrigeración forzada (mediante circulación de agua). Los primeros se emplean en la soldadura de espesores finos, que no requieren grandes intensidades, y los de refrigeración forzada se recomiendan para trabajos que exijan intensidades superiores a los 200 amperios. En estos casos, la circulación del agua por el interior del porta-electrodos evita el sobrecalentamiento del mismo. El electrodo de tungsteno, que transporta la corriente hasta la zona de soldeo, se sujeta rígidamente mediante una pinza alojada en el cuerpo del porta-electrodos. Cada porta-electrodos dispone de un juego de pinzas, de distintos tamaños, que permiten la sujeción de electrodos de diferentes diámetros. El gas de protección llega hasta la zona de soldadura a través de la boquilla de material cerámico, sujeta en la cabeza del porta-electrodos. La boquilla tiene la misión de dirigir y distribuir el gas protector sobre la zona de soldadura. A fin de acomodarse a distintas exigencias de consumo cada porta-electrodos va equipado con un juego de boquillas de diferentes diámetros. Con vistas a eliminar turbulencias en el chorro de gas, que podrían absorber aire y contaminar la soldadura, algunos porta-electrodos van provistos de un dispositivo consistente en una serie de mallas de acero inoxidable, que se introduce en la boquilla, rodeando al electrodo. Actuando sobre el interruptor de control situado en el porta-electrodos, se inicia la circulación de gas y de corriente. En algunos equipos la activación de los circuitos de gas y de corriente se realiza mediante un pedal. Este segundo sistema presenta la ventaja de que permite un control más riguroso de la corriente de soldeo cuando nos aproximamos al final del cordón. Decreciendo gradualmente la intensidad de la corriente, disminuye el cráter que se forma al solidificar el baño y hay menos peligro de que la parte final de la soldadura quede sin la protección gaseosa adecuada.

Las boquillas para gas se eligen de acuerdo con el tipo y tamaño del porta-electrodo, y en función del diámetro del electrodo. La siguiente tabla puede servir de orientación, aunque, en general, es conveniente seguir las recomendaciones de los fabricantes.

Clasificación de electrodos

Las especificaciones sobre productos de soldadura que más se emplean son las que emite la Sociedad Americana de Soldadura *(American Welding Society, AWS)* pero para casi todos estos productos también existen las **Normas Oficiales Mexicanas** correspondientes.

Estas normas establecen los requisitos para la clasificación de varillas, electrodos y metales de aporte empleados en soldadura. Las especificaciones electrodos para el proceso de soldadura por arco metálico recubierto son las siguientes:

Para Acero al carbono:
- **AWS A 5.1-81**. *"Specification for carbon steel Covred Arc Welding Electrodes"*
- **NOM-H-77-1983.** *"Electrodos de acero al carbono recubiertos, para soldadura por arco eléctrico".*

Para Acero de baja aleación.
- **AWA A 5.5-81**. *"Specification for Low Alloy Steel Covered Arc Welding Electrodes".*
- **NOM-H-86-1983.** *"Electrodos de baja aleación, recubiertos, para soldadura por arco eléctrico".*

Los electrodos se clasifican en base a las propiedades mecánicas del metal depositado, tipo de recubrimiento, posiciones en las que se puede emplear el electrodo y tipo de corriente y polaridad a emplear.

El sistema de clasificación empleado en estas especificaciones para electrodos recubiertos sigue el modelo empleado para las especificaciones AWS para metales de aporte. De acuerdo con este sistema, la clasificación de un electrodo se designa con la letra "E" y con cuatro o cinco dígitos:

- La letra "E" significa electrodo.
- Los dos o tres primeros dígitos indican la resistencia a la tracción del metal depositado en miles de libras por pulgada cuadrada
- El tercer o cuarto dígito indica las posiciones en las que debe emplearse el electrodo.

- El último dígito se relaciona con las características del recubrimiento y la escoria y con el tipo de corriente y la polaridad a emplear.

De acuerdo con esto, los diferentes dígitos en los electrodos con clasificación **E-6010** tiene el siguiente significado:

E: Electrodo.
60: Resistencia mínima a la tensión de 60,000 lb/pulg^2
1: Para ser empleado en todas las posiciones
0: Es un electrodo con recubrimiento de alto contenido de celulosa y con base sodio y que debe emplearse con corriente directa y polaridad invertida.

En el caso de la especificación **AWS A 5.5-80** para electrodos de acero de baja aleación, a la designación anteriormente indicada para las diferentes clasificaciones se adiciona un sufijo que designa los elementos de aleación especificados para cada clasificación.

Consideraciones para la selección de electrodos.

La selección de electrodos para una aplicación específica, en términos generales, se basa en los siguientes factores:
- Propiedades mecánicas del metal base a soldar
- Composición química del metal base a soldar
- Espesor y forma del metal base a soldar.
- Especificaciones y condiciones de servicio de la estructura a fabricar.

- Tratamiento térmico que se aplicará a la estructura a fabricar
- Posiciones de soldadura posibles durante la fabricación
- Tipo de corriente de soldadura y polaridad a emplear.
- Diseño de la unión.
- Eficiencia en la producción y condiciones de trabajo.

En el caso particular de los aceros de alta resistencia o los inoxidables, la selección de electrodos generalmente está limitada a uno o dos electrodos diseñados específicamente para dar una composición química determinada en el metal depositado.

En el caso de los arcos al carbono y de baja aleación, la selección de electrodos debe basarse, además de la composición química y resistencia mecánica del metal de soldadura, en otras características de los electrodos. Esto se debe a que para aceros al carbono y de baja aleación, hay varios tipos diferentes de electrodos que pueden proporcionar la misma composición química en el metal de soldadura.

En este caso, el electrodo se selecciona para obtener la calidad deseada al más bajo costo, esto es, el electrodo a elegir es aquel que permite la más alta velocidad de soldadura para cada unión en particular.

* Electrodos para "Solidificación rápida"

Son aquellos diseñados para depositar metal de soldadura que solidifique rápidamente después de haber sido fundido por el arco. Estos electrodos sirven para soldar en posiciones verticales y sobre cabeza (además de la plana y la horizontal)

Electrodos pertenecientes a esta clasificación: **E-6010, E-6011, E-7010-A1, E-7010 G**.

Características principales:
- Alta penetración.
- Son de "bajo depósito".
- Dejan poca escoria.
- Producen mucho chisporroteo.
- Se utilizan con corriente relativamente baja.

Aplicaciones principales:
- Propósitos generales de fabricación y mantenimiento.
- Para posiciones vertical y sobre-cabeza
- Soldadura en tuberías.
- Soldadura sobre superficies galvanizadas o no muy limpias.
- Uniones que requieren alta penetración.
- Soldadura de láminas delgadas en juntas de borde, esquina y a tope.

* Electrodos para "Llenado rápido"

Estos electrodos están diseñados para proporcionar cantidades relativamente altas de metal fundido y son adecuados para realizar soldaduras de "alta velocidad". El metal de soldadura solidifica con relativa lentitud y por esta razón, estos electrodos no son adecuados para realizar soldaduras fuera de posición.

Electrodos pertenecientes a esta clasificación: **E-7024, E-6027, E-7020-A1.**

Características principales:

- Poca penetración.
- Proporcionan "alto depósito".
- Permiten velocidades de soldadura relativamente elevadas.
- Producen mucha escoria.
- Producen muy poco chisporroteo.

Aplicaciones principales:

- Soldadura de planchas de 5 mm. (3/16") o mayor espesor.
- Soldaduras de filete en posiciones horizontal y plana y soldaduras de ranura profunda en uniones a tope.
- Soldaduras de acero de mediano contenido de carbono y con tendencia al agrietamiento (cuando no se dispone de electrodos de bajo hidrógeno).

Electrodos para "Llenado-Solidificación

Estos electrodos están diseñados para proporcionar características intermedias entre los electrodos para solidificación y llenado y proporcionar así relaciones de depósito y penetración "medianas".

Electrodos pertenecientes a esta clasificación: **E-6012, E-6013, E-6014.**

Características principales:
- De penetración y llenado medianos.
- Producen cantidades medianas de chisporroteo y escoria.

Principales aplicaciones:
- Soldaduras de filete en posición vertical descendente.
- Propósitos generales.
- Soldaduras cortas o irregulares que cambian de posición o dirección durante la aplicación.
- Soldaduras de filete en láminas delgadas.

* Electrodos de bajo hidrogeno.

Estos electrodos están diseñados para producir soldaduras de alta calidad en aplicaciones en las cuales el metal base tiene tendencia al agrietamiento, los espesores a soldar son relativamente grandes (mayores a 19 mm.), o cuando el metal base tiene un contenido de aleantes ligeramente mayor al de los aceros dulces.

Los electrodos de bajo hidrógeno están disponibles ya sea con las características de llenado rápido o solidificación rápida.

Electrodos pertenecientes a esta clasificación: **E-7018 y E-7028.**

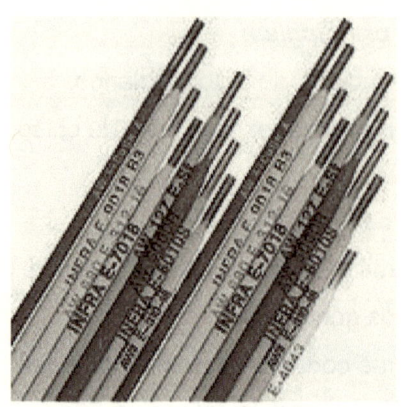

Soplete

Es un instrumento imprescindible para cualquier fontanero. Se utiliza para diferentes aplicaciones como pueden ser cortar, calentar o soldar diferentes piezas. Consta de una bombona, una manguera y una boquilla.

Es un aparato tubular en el que se inyecta por uno de sus extremos una mezcla de oxígeno y un gas combustible, acetileno, hidrógeno, etc., que al salir por la boquilla del extremo opuesto produce una llama de alto potencial calórico, utilizada para soldar o cortar metales. El operario que maneja el soplete lleva la cara y las manos protegidas.

Su uso

Es utilizado con regularidad en este oficio para soldar y calentar piezas, aunque también es requerido a la hora de cortar.

Es de suma importancia que todos sus elementos botella de gas, manguera y soplete cumplan con las adecuadas medidas de seguridad. Siempre debemos utilizar esta herramienta correctamente, apagándola cuando no la necesitemos y manteniendo la botella fuera del alcance de la llama de calor.

Su empleo

Al usar un soplete es conveniente trabajar sobre un banco bien firme. Si el trabajo se va a realizar en el lugar donde esté ubicada una tubería habrá que hacerlo con sumo cuidado. Hay que intentar trabajar en una postura cómoda, sin correr el peligro de quemaduras.

Si el trabajo a realizar es cerca de cristales, pintura o tarima es recomendable aislar esas superficies con láminas de fibra de vidrio

Su función

La función de un soplete es mezclar y controlar el flujo de gases necesarios para producir una llama Oxigas.

Un soplete consiste de un cuerpo con dos válvulas de entrada, un mezclador, y una boquilla de salida. Mejorando la versatilidad puede disponer de un equipo de soldadura, y corte solo con el cambio de algunos elementos sobre un rango común.

También el soplete tiene la función de dosificar los gases, mezclarlos y dar a la llama una forma adecuada para soldar.

Tipos de Sopletes

Soplete de Soldadura: Estos se clasifican, en dos tipos, conforme a la forma de mezcla de los gases.

Soplete tipo Mezclador

Este tipo también llamado de presión media, requiere que los gases sean suministrados a presiones, generalmente superiores a 1 psi (0.07 kg/cm2). En el caso del acetileno, la presión a emplear, queda restringida entre 1 a 5 psi (0.07 a 1.05 kg/cm2) por razones de seguridad.

El oxígeno, generalmente, se emplea a la misma presión preajustada para el combustible.

Soplete tipo Inyector

Este tipo de soplete trabaja a una presión muy baja de Acetileno, inferior en algunos casos a 1 psi (0.07 kg/cm2). Sin embargo, el oxígeno des suministrado en un rango de presión desde 10 a 40 psi (0.7 a 2.8 kg/cm2), aumentándose necesariamente en la medida que el tamaño de la boquilla sea mayor. Su funcionamiento se basa en que el oxígeno aspira el acetileno y lo mezcla, antes de que ambos gases pasen a la boquilla. Los sopletes tipo mezclador poseen ciertas ventajas sobre los

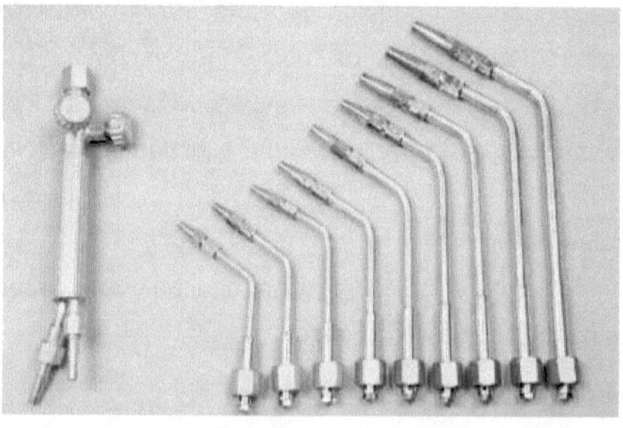

sopletes de tipo inyector, primero la llama se ajusta fácilmente, y segundos, son menos propensos a los retrocesos de llama.

Simbología de soldadura

Tenemos muchos símbolos en nuestra sociedad tecnológica. Tenemos señales y rótulos que nos dicen lo que debemos hacer y dónde ir o lo que no debemos hacer o dónde no ir. Las señales de tránsito son un buen ejemplo. Muchas de estas señales les ya son de uso internacional no requieren largas explicaciones y, con ellas, no hay la barrera del idioma, porque cualquier persona los puede interpretar aunque no conozcan ese idioma. En la soldadura, se utilizan ciertos signos en los planos sé ingeniería para indicar al soldador ciertas reglas que deben seguir, aunque no tenga conocimientos de ingeniería. Estos signos gráficos se llaman símbolos de soldadura. Una vez que se entiende el lenguaje de estos símbolos, es muy fácil leerlos.

Los símbolos de soldadura se utilizan en la industria para representar detalles de diseño que ocuparían demasiado espacio en el dibujo si estuvieran escritos con todas sus letras. Por ejemplo, el ingeniero o el diseñador desean hacer llegar la siguiente información al taller de soldadura:

- El punto en donde se debe hacer la soldadura.
- Que la soldadura va ser de filete en ambos lados de la unión.
- Un lado será una soldadura de filete de 12 mm; el otro una soldadura de 6 mm.
- Ambas soldaduras se harán un electrodo E-6014.

- La soldadura de filete de 12 mm se esmerilará con máquina que desaparezca

Para dar toda esta información, el ingeniero o diseñador sólo pone el símbolo en el lugar correspondiente en el plano para trasmitir la información al taller de soldadura.

El Símbolo de Soldadura empieza con una línea horizontal llamada de referencia. Los símbolos utilizados sobre la línea o debajo de esta deben llevar siempre la misma orientación, independientemente de la localización de la flecha.

El siguiente símbolo es la flecha la cual puede ser usada en cualquiera de los dos extremos o en ambos y hacia arriba o hacia abajo

Enseguida está el símbolo del tipo de soldadura. Cuando se coloca debajo de la línea de referencia indica que la soldadura va en el lado de la flecha o lado cercano de la unión y cuando se coloca sobre la línea de referencia la soldadura va en el otro lado de la unión.

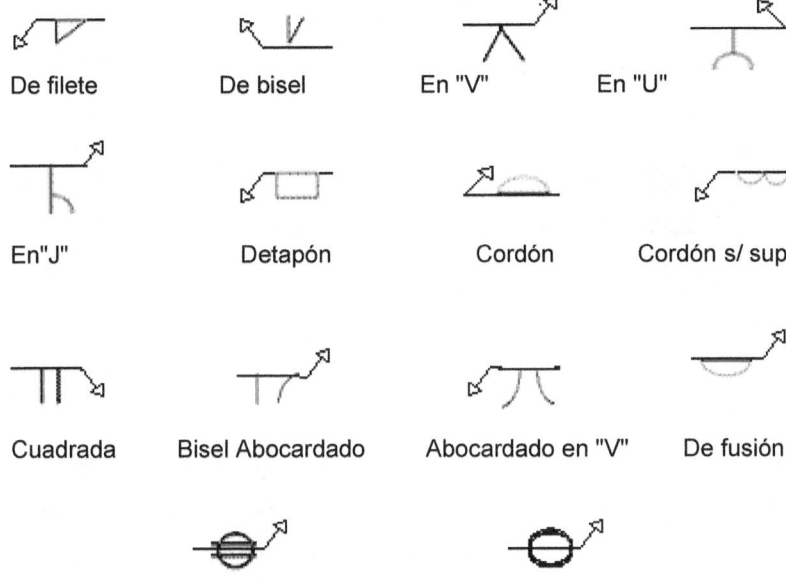

Tamaño de la soldadura cuando se usa soldadura de ranura indica la profundidad del chaflán cuando no se usan paréntesis la dimensión anotada indica la penetración al fondo de la ranura.

La abertura de la raíz en soldaduras de ranura se indica dentro del símbolo.

El Angulo de la soldadura de bisel y en "V" se indica debajo de la dimensión de la raíz.

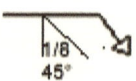

En Soldadura de tapón el espaciamiento se indica a la derecha del símbolo y el tamaño se indica a la izquierda.

A menos que se especifique otra cosa la profundidad de llenado en soldaduras de ranura o de tapón debe ser completa. Cuando la profundidad, es menor que la ranura se indica dentro del símbolo.

El espaldado o soldadura de espaldar se usa para indicar el cordón que va del otro lado en soldaduras de ranura sencilla.

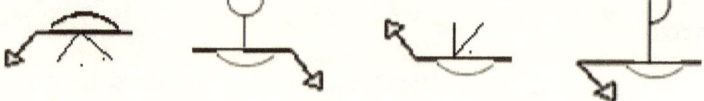

El símbolo de soldadura de fusión solo se usa cuando se requiera una penetración completa en soldaduras aplicadas en un solo lado y es indicado del otro lado de la soldadura de ranura.

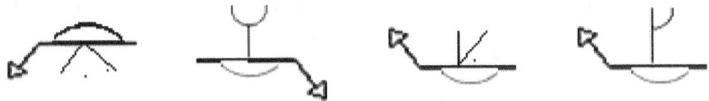

SÍMBOLOS BÁSICOS PARA SOLDAR (WELD SYMBOLS) MAS UTILIZADOS

RANURA (Groove)						FILETE (Fillet)
Cuadrada	Inclinada	Bisel	V	J	U	
‖	∥	⋎	⋎	⋎	⋎	⋎

SÍMBOLOS COMPLEMENTARIOS

Fondeo Pasado	Inserto Consumible (cuadrado)	Respaldo o Espaciador (rectangular)	Contorno		
			Plano	Convexo	Cóncavo

Aplicaciones De Los Símbolos De Soldadura

En las figuras anteriores se muestran los símbolos muy básicos para soldar y sus aplicaciones. Pero se debe recordar que son simples ilustraciones y que probablemente incluirá mucha más información si fuera parte de un plano real.

Puntos que debemos recordar

- Los símbolos de soldadura en los dibujos y planos de ingeniería representan detalles de diseño.

- Los símbolos de soldadura se utilizan en lugar de repetir instrucciones normales.
- La línea de referencia no cambia.
- La flecha puede apuntar en diferentes direcciones.
- En ocasiones, se puede omitir la cola del simbolito
- Hay muchos símbolos, dimensiones (acotaciones) y símbolos complementarios.
- Los símbolos no son complicados si se estudian punto por punto.

Tipos de uniones por soldaduras

La soldadura produce una conexión sólida entre dos partes llamadas unión por soldadura.

Hay cinco tipos básicos de uniones:

- <u>Unión Empalmada</u>

En este tipo de unión las partes se encuentran en el mismo plano y se unen sus bordes

- <u>Unión de Esquina</u>

Las partes en este tipo de unión forman un ángulo recto y se unen en la esquina del ángulo.

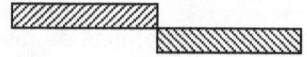

- *Unión Superpuesta*

Esta unión consiste en dos partes que se sobreponen.

- *Unión en "T"*

Una parte es perpendicular a la otra forma de la letra "T"

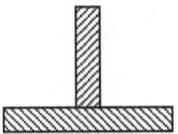

- *Unión de Bordes*

La unión se hace en el borde común

TIPOS Y USOS DE FUNDENTES

Clasificación según sus efectos operacionales.

Los fundentes también se clasifican según su efecto en los resultados finales de la operación de soldadura, existen dos categorías en este sentido y son los Activos y los Neutros:

Activos

Los fundentes activos son aquellos que causan un cambio sustancial en la composición química final del metal de soldadura cuando el voltaje de soldadura (y por consiguiente la cantidad de Fundente) es cambiado.

Los fundentes fundidos generalmente aportan grandes cantidades de Magnesio y Silicio al material de aporte, incrementando la resistencia, pero cuando se usa fundente activo para hacer soldaduras de multipases, puede ocurrir una excesiva acumulación de estos componentes resultando en una soldadura muy vulnerable a las grietas y las fracturas, los fundentes activos deben ser usados limitadamente en las soldaduras con pasos múltiples, especialmente sobre oxido y escamas metálicas, un cuidado especial en la regulación del voltaje es recomendado cuando se usa este tipo de fundentes en el procedimiento de soldadura con pasos múltiples para evitar la saturación de Magnesio y Silicio, en líneas generales, no es recomendado el uso de fundentes activos en soldaduras de pasos múltiples en láminas de un diámetro superior a los 25 mm. (1").

Neutros

Como su clasificación misma lo dice este tipo de fundentes no causan cambios significativos en la composición química del metal de aporte, ni siquiera con variaciones de voltaje.

Los fundentes neutros no afectan la fuerza de la soldadura indiferentemente al voltaje o número de pases de soldadura que se apliquen. Como regla general, los fundentes neutros deben ser parte de las especificaciones de las soldaduras con pases múltiples.

El fundente

Entre las principales funciones del fundente para la soldadura de arco sumergido podríamos enumerar las siguientes:

- Protege la soldadura fundida de la interacción con la atmósfera.
- Limpia y desoxida la soldadura fundida.
- Ayuda a controlar las propiedades químicas y mecánicas del metal de aporte en la soldadura.

Existen dos métodos importantes para elaborar los fundentes, Granulados y fundidos

Uso de los fundentes

El uso de estos es para fundir diferentes metales, entre ellos el plomo, el cobre, es muy utilizado en los sistemas de soldaduras. El éxito de la soldadura depende en gran parte del fundente.

El mismo evita la oxidación durante el proceso de soldadura, reduce los óxidos ya formados y disminuye la tensión superficial del material de aporte.

Los fundentes aglomerados se hacen mezclando los constituyentes, finamente pulverizados, con una solución acuosa de un aglomerante tal como silicato sódico; la finalidad es producir partículas de unos pocos milímetros de diámetro formados por una masa de partículas más finas de los componentes minerales. Después de la aglomeración el fundente se seca a temperatura de hasta 800 °C.

Los fundentes sinterizados se hacen calentando pellets componentes pulverizados a temperaturas justo por debajo del punto de fusión de algunos de los componentes. Las temperaturas alcanzadas durante la fabricación limitan los componentes de los fundentes. Para fundir un fundente las temperaturas deben ser tan altas que los carbonatos y muchos otros minerales se descomponen, por lo cual los fundentes básicos que llevan carbonatos deben hacerse por alguno de los otros procedimientos, tales como aglomeración.

Se ha sabido durante años que la baja tenacidad se favorece con el uso de fundentes ácidos y que los fundentes de elevado contenido en silicio tienden a comunicar oxígeno al metal soldado. Inversamente los fundentes básicos dan un metal soldado limpio, con poca pocas inclusiones no metálicas, y, consecuentemente, de elevada tenacidad. Tanto la composición del fundente como su estado de división influyen en el control de la porosidad.

El proceso de arco sumergido es generalmente más susceptible a la porosidad causada por superficies herrumbrosas y sucias que el proceso de arco abierto. Ello es debido a que con el proceso de arco abierto el vapor de agua y los productos gaseosos, que abandonan la plancha por el calor de la soldadura, pueden escapar; mientras que en el arco sumergido tienden a ser retenidos bajo el cojín de fundente.

Por esta razón es por lo que fundentes que tienen la mayor tolerancia a la oxidación y suciedad son también los que tienen mayor permeabilidad, lograda usando un grado grueso de gran regularidad.

Sin embargo, cuando es necesario soldar utilizando intensidades elevadas se requiere un fundente que cubra más estrechamente, para dar un buen cierre al arco; esto se logra utilizando un tamaño de partículas lo más fino posible y una mayor variedad en tamaños, para aumentar el cierre de recubrimiento.

Hay diferentes tipos de fundente cada uno para la diferente clase de soldadura

Fundente líquido para la soldadura blanda a base de cloruro de zinc.

Fundente en pasta para la soldadura blanda a base de cloruro de zinc.

AUTOEVALUACIÓN

Soldaduras. Tipos, materiales a emplear y técnicas

---

1. La soldadura es un proceso de unión de materiales, en el cual mediante la aplicación de calor o presión las superficies de contacto de dos o más partes se:
 a) Pegan
 b) Remachan
 c) Encolan
 d) Atornillan
 e) Funden

2. La integración de las partes que se unen mediante soldadura se llama:
 a) Ensamble remachado
 b) Ensamble encolado
 c) Junta de metales
 d) Ensamble soldado
 e) Ninguna es correcta

3. Para facilitar la fusión, en algunos casos, se agrega de aporte o relleno:
 a) Agua
 b) Un material
 c) Nitrógeno
 d) Un refrigerante
 e) Todas son correctas

4. Señalar la respuesta incorrecta. Ventajas de la soldadura:
 a) Proporciona una unión permanente y las partes soldadas se vuelven una sola unidad.
 b) La unión soldada puede ser más fuerte que los materiales originales si se usa un material de relleno que tenga propiedades de resistencia superiores a la de los metales originales y se aplican las técnicas correctas de soldar.
 c) La soldadura es la forma más económica de unir componentes. Los métodos alternativos requieren las

alteraciones más complejas de las formas (Ej. Taladrado de orificios y adición de sujetadores: remaches y tuercas). El ensamble mecánico es más pesado que la soldadura.
d) La soldadura no se limita al ambiente de fábrica, se puede realizar en el campo.
e) Ninguna es correcta

5. Señalar la respuesta incorrecta. Desventajas de la soldadura:
a) La mayoría de las operaciones de soldadura se hacen manualmente, lo cual implica alto costo de mano de obra. Hay soldaduras especiales y la realizan personas muy calificadas.
b) La soldadura implica el uso de energía y es peligroso.
a) Por ser una unión permanente, no permite un desensamble adecuado. En los casos cuando es necesario mantenimiento en un producto no debe utilizarse la soldadura como método de ensamble.
b) Todas son correctas
c) Ninguna es correcta

6. La unión soldada puede tener defectos de calidad que son difíciles de detectar. Por estos defectos la unión reduce:
a) La presión
b) El calor
c) La resistencia
d) El color
e) La estética

7. En la Soldadura ordinaria o de aleación se unen metales con aleaciones metálicas que se funden a temperaturas relativamente:
a) Altas
b) Medias
c) frías
d) Bajas
e) Ninguna es correcta

8. Según el punto de fusión y resistencia de la aleación utilizada, se suele diferenciar entre soldaduras:

a) Ásperas y lisas
b) Frías y calientes
c) Mecánicas e hidráulica
d) Duras y blandas
e) Cortas y largas

9. **Los metales de aportación de las soldaduras son aleaciones de plomo y estaño y, en ocasiones, pequeñas cantidades de bismuto.** A qué tipo de soldadura se refiere el enunciado anterior:
a) Ásperas
b) Frías
c) Mecánicas
d) Duras
e) Blandas

10. **En la soldadura por fusión, ¿Qué se fusionan?**
a) Líquidos
b) Metales
c) Gases
d) Rayos
e) Todas son correctas

11. **Una de las soldaduras por gas es:**
a) Oxiahidrogénica
b) Oxisulfurosa
c) Acetilohidrogénica
d) Oxiacetilénica
e) Hidroacetilénica

12. **La soldadura oxhídrica corresponde a soldadura por:**
a) Fusión
b) Arco
c) Gas
d) Aluminotérmica
e) Resistencia

13. **Para crear la soldadura por arco requiere de:**
a) Corriente marina
b) Neumática
c) Hidráulica

d) Corriente eléctrica
e) Mecánica

14. A qué soldadura se refiere el siguiente enunciado. Es la que utiliza un gas para proteger la fusión del aire de la atmósfera:
    a) Soldadura por arco con protección gaseosa
    b) Soldadura por arco con fundente en polvo
    c) Soldadura por arco con electrodo recubierto
    d) Soldadura por presión
    e) Soldadura por resistencia

15. Este método agrupa todos los procesos de soldadura en los que se aplica presión sin aportación de metales para realizar la unión. El enunciado se refiere a soldadura por:
    a) Gas
    b) Resistencia
    c) Presión
    d) Resistencia
    e) Arco

16. En la Soldadura con Arco Eléctrico, se obtiene de los metales:
    a) El calentamiento
    b) La fusión por presión
    c) La fusión por gases
    d) Todas son correctas
    e) Ninguna es correcta

17. En la Soldadura por Resistencia, la fusión se obtiene por:
    a) Humedad y torsión
    b) Calor y presión
    c) Frío y tracción
    d) Todas son correctas
    e) Ninguna es correcta

18. Para la soldadura por gas combustible, hay que mezclar dos gases que son:
    a) Ozono y Vapor
    b) Oxígeno y Nitrógeno

c) Oxígeno y acetileno
d) Acetileno e Hidrógeno
e) Ninguna es correcta

19. A qué soldadura se refiere el siguiente enunciado. Es una pequeña sección fundida entre las superficies de dos placas. Se requiere varias soldaduras para unir las partes. Se asocia con la soldadura por resistencia.
a) Soldadura por círculos
b) Soldadura por comas
c) Soldadura por paréntesis
d) Soldadura por cuadrados
e) Soldadura por puntos

20. En el proceso de soldadura por arco eléctrico se producen temperaturas hasta:
a) 1500 °C o más
b) 2500 °C o más
c) 3500 °C o más
d) 4500 °C o más
e) 5500 °C o más

21. Los electrodos que se consumen durante el proceso de soldadura se denominan:
a) Frágiles
b) Vencibles
c) Accesibles
d) Consumibles
e) Bebibles

22. Los electrodos que están hechos de tungstenos se denominan:
a) Duros
b) Invencibles
c) Inaccesibles
d) No consumibles
e) Imbebibles

23. En que soldadura no hace falta usar la máscara protectora:
a) Soldadura por arco

b) Soldadura por gas
c) Soldadura con arco sumergido
d) Soldadura de tungsteno con arco eléctrico y gas
e) Soldadura por arco de plasma

24. La temperatura en la soldadura por arco de plasma llega a:
a) 9000°C
b) 12000°C
c) 16000°C
d) 18000°C
e) 28000°C

25. Es un proceso de soldadura por fusión realizada mediante una flama a partir de la combustión del acetileno y el oxígeno. La flama se dirige mediante:
a) Porta electrodos
b) Ruedas giratorias
c) Electrodos opuestos
d) Soplete de soldadura
e) Tungsteno

26. Unas de las uniones, de los tipos de uniones para soldaduras, representa una letra del alfabeto castellano, cuál de las siguientes es esa letra:
a) L
b) U
c) T
d) I
e) Z

27. Qué elemento define el siguiente enunciado. El mismo evita la oxidación durante el proceso de soldadura, reduce los óxidos ya formados y disminuye la tensión superficial del material de aporte.
a) Refrigerante
c) Aditivo
d) Anticongelante
e) Fundente
f) Freón

SOLUCIONARIO

1. La soldadura es un proceso de unión de materiales, en el cual mediante la aplicación de calor o presión las superficies de contacto de dos o más partes se:
   d) **Funden**

La soldadura es un proceso de unión de materiales, en el cual se funden las superficies de contacto de dos o más partes mediante la aplicación de calor o presión.

2. La integración de las partes que se unen mediante soldadura se llama:
   d) **Ensamble soldado**

La integración de las partes que se unen mediante soldadura se llama ensamble soldado.

3. Para facilitar la fusión, en algunos casos, se agrega de aporte o relleno:
   b) **Un material**

En algunos casos se agrega un material de aporte o relleno para facilitar la fusión. La soldadura se asocia con partes metálicas, pero el proceso también se usa para unir plásticos.

4. Señalar la respuesta incorrecta. Ventajas de la soldadura:
   e) **Ninguna es correcta**

La soldadura es un proceso importante en la industria por diferentes motivos:
- *Proporciona una unión permanente y las partes soldadas se vuelven una sola unidad.*
- *La unión soldada puede ser más fuerte que los materiales originales si se usa un material de relleno que tenga propiedades de resistencia superiores a la de los metales originales y se aplican las técnicas correctas de soldar.*
- *La soldadura es la forma más económica de unir componentes. Los métodos alternativos requieren las alteraciones más complejas de las formas (Ej. Taladrado de orificios y adición de sujetadores: remaches y tuercas). El ensamble mecánico es más pesado que la soldadura.*

- *La soldadura no se limita al ambiente de fábrica, se puede realizar en el campo.*

5. Señalar la respuesta incorrecta. Desventajas de la soldadura:
   e) **Ninguna es correcta**

Además de las ventajas indicadas, tiene también desventajas:
- *La mayoría de las operaciones de soldadura se hacen manualmente, lo cual implica alto costo de mano de obra. Hay soldaduras especiales y la realizan personas muy calificadas.*
- *La soldadura implica el uso de energía y es peligroso.*
- *Por ser una unión permanente, no permite un desensamble adecuado. En los casos cuando es necesario mantenimiento en un producto no debe utilizarse la soldadura como método de ensamble.*

6. La unión soldada puede tener defectos de calidad que son difíciles de detectar. Por estos defectos la unión reduce:
   c) **La resistencia**

La unión soldada puede tener defectos de calidad que son difíciles de detectar. Estos defectos reducen la resistencia de la unión.

7. En la Soldadura ordinaria o de aleación se unen metales con aleaciones metálicas que se funden a temperaturas relativamente:
   d) **Bajas**

Soldadura ordinaria o de aleación
Es el método utilizado para unir metales con aleaciones metálicas que se funden a temperaturas relativamente bajas.

8. Según el punto de fusión y resistencia de la aleación utilizada, se suele diferenciar entre soldaduras:
   d) **Duras y blandas**

Se suele diferenciar entre soldaduras duras y blandas, según el punto de fusión y resistencia de la aleación utilizada.

9. Los metales de aportación de las soldaduras son aleaciones de plomo y estaño y, en ocasiones, pequeñas cantidades de bismuto. A qué tipo de soldadura se refiere el enunciado anterior:

e) Blandas
Los metales de aportación de las soldaduras blandas son aleaciones de plomo y estaño y, en ocasiones, pequeñas cantidades de bismuto.

10. ¿En la soldadura por fusión, qué se fusionan?
b) Metales
Soldadura por fusión
Este tipo agrupa muchos procedimientos de soldadura en los que tiene lugar una fusión entre los metales a unir, con o sin la aportación de un metal, por lo general sin aplicar presión y a temperaturas superiores a las que se trabaja en las soldaduras ordinarias.

11. Una de las soldaduras por gas es:
d) Oxiacetilénica
Soldadura por gas
La soldadura por gas o con soplete utiliza el calor de la combustión de un gas o una mezcla gaseosa, que se aplica a las superficies de las piezas y a la varilla de metal de aportación. Este sistema tiene la ventaja de ser portátil ya que no necesita conectarse a la corriente eléctrica. Según la mezcla gaseosa utilizada se distingue entre soldadura oxiacetilénica (oxígeno / acetileno) y oxhídrica (oxígeno / hidrógeno), entre otras.

12. La soldadura oxhídrica corresponde a soldadura por:
c) Gas
Soldadura por gas
La soldadura por gas o con soplete utiliza el calor de la combustión de un gas o una mezcla gaseosa, que se aplica a las superficies de las piezas y a la varilla de metal de aportación. Este sistema tiene la ventaja de ser portátil ya que no necesita conectarse a la corriente eléctrica. Según la mezcla gaseosa utilizada se distingue entre soldadura oxiacetilénica (oxígeno/acetileno) y oxhídrica) (oxígeno/hidrógeno), entre otras.

13. Para crear la soldadura por arco requiere de:
d) Corriente eléctrica
Soldadura por arco
Los procedimientos de soldadura por arco son los más utilizados, sobre todo para soldar acero, y requieren el uso de corriente

eléctrica. Esta corriente se utiliza para crear un arco eléctrico entre uno o varios electrodos aplicados a la pieza, lo que genera el calor suficiente para fundir el metal y crear la unión.

14. A qué soldadura se refiere el siguiente enunciado. Es la que utiliza un gas para proteger la fusión del aire de la atmósfera:
   a) **Soldadura por arco con protección gaseosa**

Soldadura por arco con protección gaseosa
Es la que utiliza un gas para proteger la fusión del aire de la atmósfera. Según la naturaleza del gas utilizado se distingue entre soldadura MIG, si utiliza gas inerte, y soldadura MAG, si utiliza un gas activo.

15. Este método agrupa todos los procesos de soldadura en los que se aplica presión sin aportación de metales para realizar la unión. El enunciado se refiere a soldadura por:
   c) **Presión**

Soldadura por presión
Este método agrupa todos los procesos de soldadura en los que se aplica presión sin aportación de metales para realizar la unión.

16. En la Soldadura con Arco Eléctrico, se obtiene de los metales:
   a) **El calentamiento**

Soldadura con Arco Eléctrico
El calentamiento de los metales se obtiene mediante el arco eléctrico.

17. En la Soldadura por Resistencia, la fusión se obtiene por:
   b) **Calor y presión**

Soldadura por Resistencia
La fusión se obtiene usando el calor de una resistencia eléctrica para el flujo de una corriente que pasa entre superficies de contacto de las partes sostenidas juntas bajo presión.

18. Para la soldadura por gas combustible, hay que mezclar dos gases que son:
   c) **Oxígeno y acetileno**

Soldadura con Oxígeno y Gas Combustible

Este tipo de soldadura usa gas de oxígeno combustible tal como una mezcla de oxígeno y acetileno con el propósito de producir una flama caliente para fundir la base metálica y el material de aporte (cuando se utiliza).

19. A qué soldadura se refiere el siguiente enunciado. Es una pequeña sección fundida entre las superficies de dos placas. Se requiere varias soldaduras para unir las partes. Se asocia con la soldadura por resistencia.
    e) Soldadura por puntos
Soldaduras por Puntos

Es una pequeña sección fundida entre las superficies de dos placas. Se requiere varias soldaduras para unir las partes. Se asocia con la soldadura por resistencia.

20. En el proceso de soldadura por arco eléctrico se producen temperaturas hasta:
    e) 5500 ºC o más
El arco eléctrico produce temperaturas hasta 5500 °C o más que son suficientes para fundir cualquier metal.

21. Los electrodos que se consumen durante el proceso de soldadura se denominan:
    d) Consumibles
Los electrodos que se usan en este tipo de soldadura pueden ser consumibles o no consumibles.
Los electrodos consumibles pueden ser en forma de varillas o alambres. El arco eléctrico consume el electrodo durante el proceso de soldadura y este se añade a la unión fundida como metal de relleno. Las desventajas de electrodos de varillas es que deben cambiarse en forma periódica. El alambre tiene la ventaja que se puede alimentar continuamente desde cabinas y esto evita interrupciones frecuentes.

22. Los electrodos que están hechos de tungstenos se denominan:
    d) No consumibles
Los electrodos no consumibles están hechos de tungsteno que resisten la fusión mediante el arco eléctrico. El electrodo de tungsteno se gasta gradualmente como cualquier herramienta. El

metal de relleno debe proporcionarse mediante un alambre separado.

23. En que soldadura no hace falta usar la máscara protectora:
    c) Soldadura con arco sumergido

Soldadura con Arco Sumergido
Es un proceso que usa un electrodo de alambre desnudo consumible continuo. El arco eléctrico se protege mediante una cobertura de fundente granular.
El alambre del electrodo se alimenta desde un rollo. El fundente se introduce a la unión ligeramente adelante del arco de la soldadura por gravedad. El manto de fundente granular cubre por completo la operación de soldadura con arco eléctrico, evitando chispas, salpicaduras, radiaciones que son muy peligrosas. Por lo tanto, el operador no necesita usar la máscara protectora.

24. La temperatura en la soldadura por arco de plasma llega a:
    e) 28000°C

La temperatura en la soldadura por arco de plasma llega a 28000°C y funde cualquier metal. La razón de estas altas temperaturas proviene de la estrechez del arco eléctrico y la concentración de la energía para producir un ahorro de plasma de diámetro pequeño.

25. En un proceso de soldadura por fusión realizada mediante una flama a partir de la combustión del acetileno y el oxígeno. La flama se dirige mediante:
    d) Soplete de soldadura

Es un proceso de soldadura por fusión realizada mediante una flama a partir de la combustión del acetileno y el oxígeno. La flama se dirige mediante un soplete de soldadura.

26. Unas de las uniones, de los tipos de uniones para soldaduras, representa una letra del alfabeto castellano, cuál de las siguientes es esa letra:
    c) T

    - *Unión en "T"*
Una parte es perpendicular a la otra forma de la letra "T"

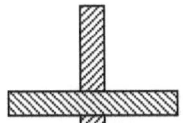

27. Qué elemento define el siguiente enunciado. El mismo evita la oxidación durante el proceso de soldadura, reduce los óxidos ya formados y disminuye la tensión superficial del material de aporte.

    d) Fundente

Uso de los fundentes
El uso de estos es para fundir diferentes metales, entre ellos el plomo, el cobre, es muy utilizado en los sistemas de soldaduras, El éxito de la soldadura depende en gran parte del fundente.
El mismo evita la oxidación durante el proceso de soldadura, reduce los óxidos ya formados y disminuye la tensión superficial del material de aporte.

Tratamientos del agua. Composición del agua de consumo, descalcificación, desmineralización, pH, generalidades sobre los equipos de tratamiento de agua.

TRATAMIENTOS DEL AGUA

Conceptos básicos

El agua es el principal e imprescindible componente del cuerpo humano. El ser humano no puede estar sin beberla más de cinco o seis días sin poner en peligro su vida. El cuerpo humano tiene un 75 % de agua al nacer y cerca del 60 % en la edad adulta. Aproximadamente el 60 % de este agua se encuentra en el interior de las células (agua intracelular). El resto (agua extracelular) es la que circula en la sangre y baña los tejidos.

En las reacciones de combustión de los nutrientes que tiene lugar en el interior de las células para obtener energía se producen pequeñas cantidades de agua. Esta formación de agua es mayor al oxidar las grasas - 1 gr. de agua por cada gr. de grasa -, que los almidones -0,6 gr. por gr., de almidón- El agua producida en la respiración celular se llama agua metabólica, y es fundamental para los animales adaptados a condiciones desérticas. Si los camellos pueden aguantar meses sin beber es porque utilizan el agua producida al quemar la grasa acumulada en sus jorobas. En los seres humanos, la producción de agua metabólica con una dieta normal no pasa de los 0,3 litros al día.

Como se muestra en la siguiente figura, el organismo pierde agua por distintas vías. Esta agua ha de ser recuperada compensando las pérdidas con la ingesta y evitando así la deshidratación.

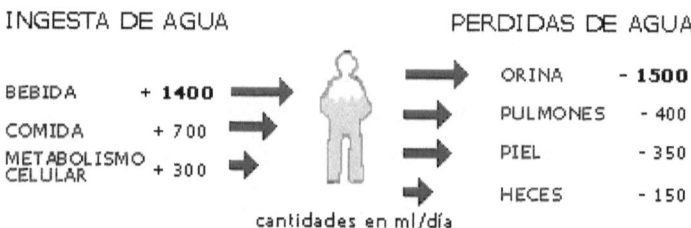

Estructura y propiedades del agua

La molécula de agua está formada por dos átomos de H unidos a un átomo de O por medio de dos enlaces covalentes. El ángulo entre los enlaces H-O-H es de 104'5°. El oxígeno es más electronegativo que el hidrógeno y atrae con más fuerza a los electrones de cada enlace.

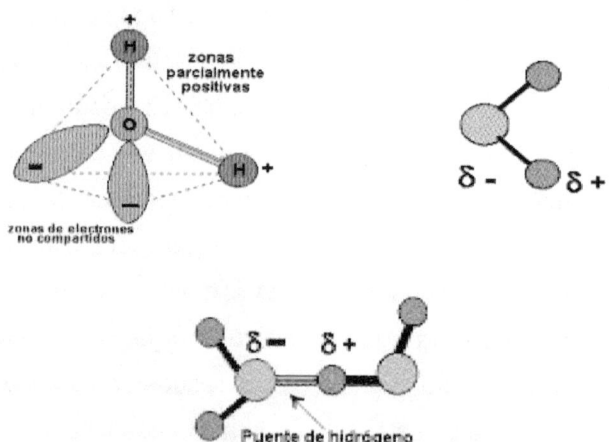

El resultado es que la molécula de agua aunque tiene una carga total neutra (igual número de protones que de electrones), presenta una distribución asimétrica de sus electrones, lo que la convierte en una molécula polar, alrededor del oxígeno se concentra una densidad de carga negativa, mientras que los núcleos de hidrógeno quedan parcialmente desprovistos de sus electrones y manifiestan, por tanto, una densidad de carga positiva.

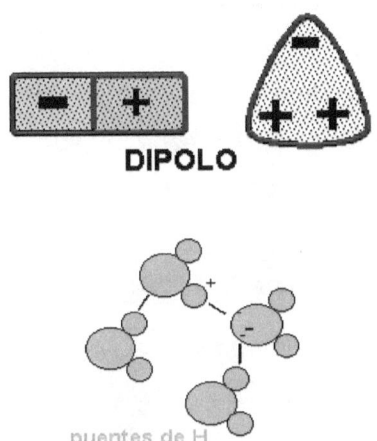
DIPOLO

puentes de H

Por ello se dan interacciones dipolo-dipolo entre las propias moléculas de agua, formándose enlaces por puentes de hidrógeno, la carga parcial negativa del oxígeno de una molécula ejerce atracción electrostática sobre las cargas parciales positivas de los átomos de hidrógeno de otras moléculas adyacentes.

Aunque son uniones débiles, el hecho de que alrededor de cada molécula de agua se dispongan otras cuatro moléculas unidas por puentes de hidrógeno permite que se forme en el agua (líquida o sólida) una estructura de tipo reticular, responsable en gran parte de su comportamiento anómalo y de la peculiaridad de sus propiedades fisicoquímicas.

PROPIEDADES DEL AGUA

Acción disolvente

El agua es el líquido que más sustancias disuelve, por eso decimos que es el disolvente universal. Esta propiedad, tal vez la más importante para la vida, se debe a su capacidad para formar puentes de hidrógeno.

En el caso de las disoluciones iónicas los iones de las sales son atraídos por los dipolos del agua, quedando "atrapados" y recubiertos de moléculas de agua en forma de iones hidratados o solvatados.

Capa de solvatación

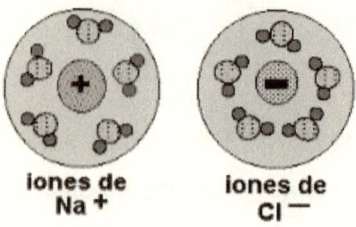

iones de Na +   iones de Cl −

La capacidad disolvente es la responsable de que sea el medio donde ocurren las reacciones del metabolismo.

Elevada fuerza de cohesión

Los puentes de hidrógeno mantienen las moléculas de agua fuertemente unidas, formando una estructura compacta que la convierte en un líquido casi incompresible. Al no poder comprimirse puede funcionar en algunos animales como un esqueleto hidrostático.

Gran calor específico

También esta propiedad está en relación con los puentes de hidrógeno que se forman entre las moléculas de agua. El agua puede absorber grandes cantidades de "calor" que utiliza para romper los puentes de hidrógeno por lo que la temperatura se eleva muy lentamente. Esto permite que el citoplasma acuoso sirva de protección ante los cambios de temperatura. Así se mantiene la temperatura constante.

Elevado calor de vaporización

Sirve el mismo razonamiento, también los puentes de hidrógeno son los responsables de esta propiedad. Para evaporar el agua, primero hay que romper los puentes y posteriormente dotar a las moléculas de agua de la suficiente energía cinética para pasar de la fase líquida a la gaseosa.

Para evaporar un gramo de agua se precisan 540 calorías, a una temperatura de 20º C y presión de 1 atmósfera.

Las funciones del agua, íntimamente relacionadas con las propiedades anteriormente descritas, se podrían resumir en los siguientes puntos:

En el agua de nuestro cuerpo tienen lugar las reacciones que nos permiten estar vivos. Forma el medio acuoso donde se desarrollan todos los procesos metabólicos que tienen lugar en nuestro organismo. Esto se debe a que las enzimas (agentes proteicos que intervienen en la transformación de las sustancias que se utilizan para la obtención de energía y síntesis de materia propia) necesitan de un medio acuoso para que su estructura tridimensional adopte una forma activa.

Gracias a la elevada capacidad de evaporación del agua, podemos regular nuestra temperatura, sudando o perdiéndola por las mucosas, cuando la temperatura exterior es muy elevada es decir, contribuye a regular la temperatura corporal mediante la evaporación de agua a través de la piel.

Posibilita el transporte de nutrientes a las células y de las sustancias de desecho desde las células. El agua es el medio por el que se comunican las células de nuestros órganos y por el que se transporta el oxígeno y los nutrientes a nuestros tejidos. Y el agua es también la encargada de retirar de nuestro cuerpo los residuos y productos de deshecho del metabolismo celular.

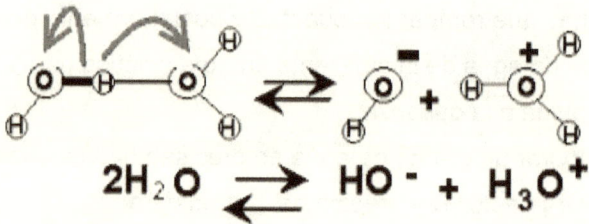

Puede intervenir como reactivo en reacciones del metabolismo, aportando hidrogeniones (H_3O^+) o hidroxilos (OH^-) al medio.

Ionización del agua

El agua pura tiene la capacidad de disociarse en iones, por lo que en realidad se puede considerar una mezcla de:

- Agua molecular (H_2O)
- Protones hidratados (H_3O^+) e

- Iones hidroxilo (OH⁻)

En realidad esta disociación es muy débil en el agua pura, y así el producto iónico del agua a 25º es:

$$K_w = [H^+][OH^-] = 1,0 \times 10^{-14}$$

Este producto iónico es constante. Como en el agua pura la concentración de hidrogeniones y de hidroxilos es la misma, significa que la concentración de hidrogeniones es de 1×10^{-7}. Para simplificar los cálculos Sörensen ideó expresar dichas concentraciones utilizando logaritmos, y así definió el pH como el logaritmo decimal cambiado de signo de la concentración de hidrogeniones.

Según esto:

        Disolución neutra   pH = 7
        Disolución ácida   pH < 7
        Disolución básica   pH =7

En la figura se señala el pH de algunas soluciones. En general hay que decir que la vida se desarrolla a valores de pH próximos a la neutralidad.

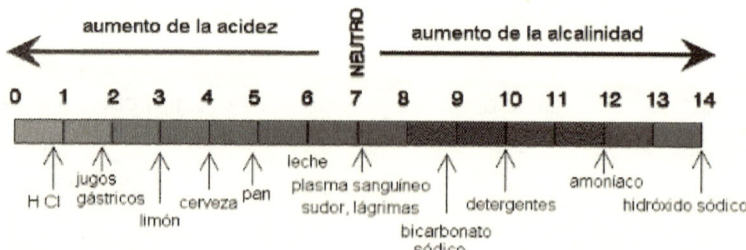

Los organismos vivos no soportan variaciones del pH mayor de unas décimas de unidad y por eso han desarrollado a lo largo de la evolución sistemas de tampón o buffer, que mantienen el pH constante. Los sistemas tampón consisten en un par ácido-base conjugado que actúan como dador y aceptor de protones respectivamente.

El tampón bicarbonato es común en los líquidos intercelulares, mantiene el pH en valores próximos a 7,4, gracias al equilibrio entre el ion bicarbonato y el ácido carbónico, que a su vez se disocia en dióxido de carbono y agua:

$$HCO_3^- + H^+ \rightleftarrows H_2CO_3 \rightleftarrows CO_2 + HO$$

Si aumenta la concentración de hidrogeniones en el medio por cualquier proceso químico, el equilibrio se desplaza a la derecha y se elimina al exterior el exceso de CO_2 producido. Si por el contrario disminuye la concentración de hidrogeniones del medio, el equilibrio se desplaza a la izquierda, para lo cual se toma CO_2 del medio exterior.

Necesidades diarias de agua

El agua es imprescindible para el organismo. Por ello, las pérdidas que se producen por la orina, las heces, el sudor y a través de los pulmones o de la piel, han de recuperarse mediante el agua que bebemos y gracias a aquella contenida en bebidas y alimentos.

Es muy importante consumir una cantidad suficiente de agua cada día para el correcto funcionamiento de los procesos de asimilación y, sobre todo, para los de eliminación de residuos del metabolismo celular. Necesitamos unos tres litros de agua al día como mínimo, de los que la mitad aproximadamente los obtenemos de los alimentos y la otra mitad debemos conseguirlos bebiendo.

Por supuesto en las siguientes situaciones, esta cantidad debe incrementarse:

- Al practicar ejercicio físico.
- Cuando la temperatura ambiente es elevada.
- Cuando tenemos fiebre.
- Cuando tenemos diarrea.
- En situaciones normales nunca existe el peligro de tomar más agua de la cuenta ya que la ingesta excesiva de agua no se acumula, sino que se elimina.

Recomendaciones sobre el consumo de agua

Si consumimos agua en grandes cantidades durante o después de las comidas, disminuimos el grado de acidez en el estómago al diluir los jugos gástricos. Esto puede provocar que los enzimas que requieren un determinado grado de acidez para actuar queden inactivos y la digestión se ralentice. Los enzimas que no dejan de actuar por el descenso de la acidez, pierden eficacia al quedar diluidos. Si las bebidas que tomamos con las comidas están frías, la temperatura del estómago disminuye y la digestión se ralentiza aún más.

Como norma general, debemos beber en los intervalos entre comidas, entre dos horas después de comer y media hora antes de la siguiente comida. Está especialmente recomendado beber uno o dos vasos de agua nada más levantarse. Así conseguimos una mejor hidratación y activamos los mecanismos de limpieza del organismo.

En la mayoría de las poblaciones es preferible consumir agua mineral, o de un manantial o fuente de confianza, al agua del grifo.

Contaminación del agua y salud

El agua al caer con la lluvia por enfriamiento de las nubes arrastra impurezas del aire. Al circular por la superficie o a nivel de capas profundas, se le añaden otros contaminantes químicos, físicos o biológicos. Puede contener productos derivados de la disolución de los terrenos: calizas (CO_3Ca), calizas dolomíticas (CO_3Ca-CO_3Mg), yeso (SO_4Ca-H_2O), anhidrita (SO_4Ca), sal ($ClNa$), cloruro potásico (ClK), silicatos, oligoelementos, nitratos, hierro, potasio, cloruros, fluoruros, así como materias orgánicas.

Hay pues una contaminación natural, pero al tiempo puede existir otra muy notable de procedencia humana, por actividades agrícolas, ganaderas o industriales, que hace sobrepasar la capacidad de autodepuración de la naturaleza.

Al ser recurso imprescindible para la vida humana y para el desarrollo socioeconómico, industrial y agrícola, una contaminación a partir de cierto nivel cuantitativo o cualitativo, puede plantear un problema de Salud Pública.

Los márgenes de los componentes permitidos para destino a consumo humano, vienen definidos en los "criterios de potabilidad" y regulados en la legislación. Ha de definirse que existe otra Reglamentación específica, para las bebidas envasadas y aguas medicinales.

Para abastecimientos en condiciones de normalidad, se establece una dotación mínima de 100 litros por habitante y día, pero no ha de olvidarse que hay núcleos, en los que por las especiales circunstancias de desarrollo y asentamiento industrial, se pueden llegar a necesitar hasta 500 litros, con flujos diferentes según ciertos segmentos horarios.

Hay componentes que definen unos "caracteres organolépticos", como calor, turbidez, olor y sabor y hay otros que definen otros "caracteres fisicoquímicos" como temperatura, hidrogeniones (pH), conductividad, cloruros, sulfatos, calcio, magnesio, sodio, potasio, aluminio, dureza total, residuo seco, oxígeno disuelto y anhídrido carbónico libre.

Todos estos caracteres, deben ser definidos para poder utilizar con garantías, un agua en el consumo humano y de acuerdo con la legislación vigente, tenemos los llamados "Nivel-Guía" y la "Concentración Máxima Admisible (C.M.A.)".

Otro listado contiene, "Otros Caracteres" que requieren especial vigilancia, pues traducen casi siempre contaminaciones del medio ambiente, generados por el propio hombre y se refieren a nitratos, nitritos, amonio, nitrógeno (excluidos NO_2 y NO_3), oxidabilidad, sustancias extraíbles, agentes tensioactivos, hierro, manganeso, fósforo, flúor y deben estar ausentes materias en suspensión.

Otro listado identifica, los "caracteres relativos a las sustancias tóxicas" y define la concentración máxima admisible para arsénico, cadmio, cianuro, cromo, mercurio, níquel, plomo, plaguicidas e hidrocarburos policíclicos aromáticos.

Todos estos caracteres se acompañan, de mediciones de otros que son los "microbiológicos" y los de "radioactividad" y así se conforma, una analítica para definir en principio, una autorización para consumo humano. Lógicamente también contiene nuestra legislación, la referencia a los "Métodos Analíticos para cada parámetro".

Pese a las características naturales de las aguas para destino a consumo humano y dado su importante papel como mecanismo de transmisión de importantes agentes microbianos que desencadenan enfermedades en el hombre, "en todo caso se exige", que el agua destinada a consumo humano, antes de su distribución, sea sometida a tratamiento de DESINFECCIÓN.

Tratamiento del agua

En ingeniería ambiental el término **tratamiento** de aguas es el conjunto de operaciones unitarias de tipo físico, químico o biológico cuya finalidad es la eliminación o reducción de la contaminación o las características no deseables de las aguas, bien sean naturales, de abastecimiento, de proceso o residuales, llamadas, en el caso de las urbanas, aguas negras.

Ciclo del agua: El agua sigue un circuito natural al que llamamos El ciclo del agua:

El agua por el calor se evapora y asciende desde la corteza terrestre hasta la atmósfera, allí por frío se condensa y vuelve a la tierra en forma de lluvia o nieve.

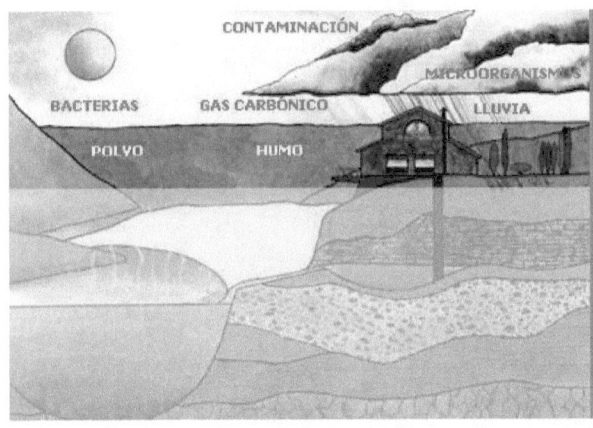

Al ascender arrastra los contaminantes que el hombre ha lanzado a la atmósfera. Ya está contaminada antes de tocar el suelo.

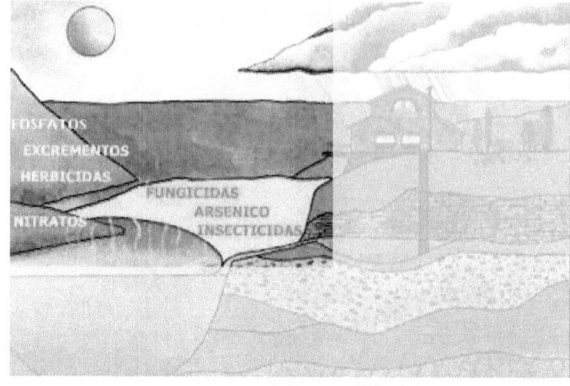

El agua al deslizarse por la tierra, arrastra materias orgánicas, desechos vegetales y animales, disuelve productos químicos. Sufre aquí su segunda contaminación.

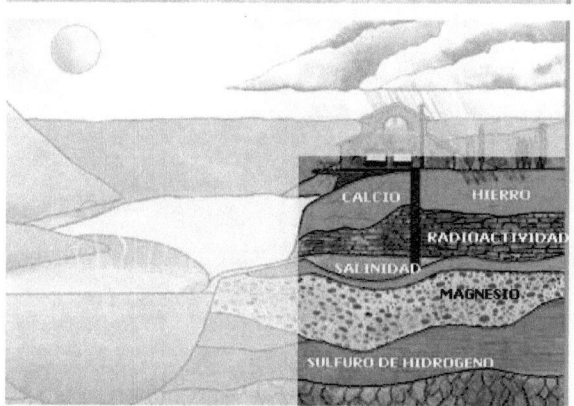

El agua se filtra y penetra en las diferentes capas. Por ser un disolvente universal, disuelve sales, calcio, hierro, magnesio...

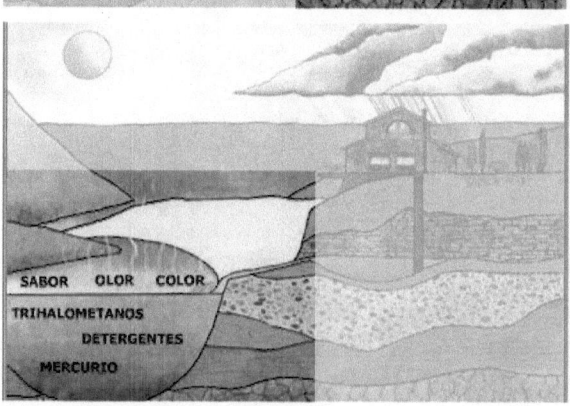

El agua que llega a los ríos y a los lagos cargada de los contaminantes anteriores, se carga de nuevo con detergentes, desechos industriales, dándole mal color, olor y sabor; el resultado es un agua no potable para el consumo humano y animal.

Las depuradoras de aguas domésticas o urbanas se denominan EDAR (Estaciones Depuradoras de Aguas Residuales), y su núcleo es el tratamiento biológico o secundario, ya que el agua residual urbana es fundamentalmente de carácter orgánico —en la hipótesis que se han prevenido los vertidos industriales—.

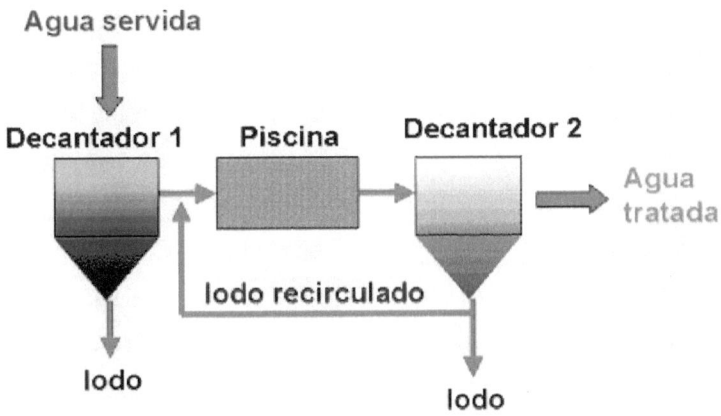

Tipos de tratamiento de aguas urbanas

Las aguas residuales pueden provenir de actividades comerciales, industriales o agrícolas y del uso doméstico. Los tratamientos de aguas industriales son muy variados, según el tipo de contaminación, y pueden incluir precipitación, neutralización, oxidación química y biológica, reducción, filtración, ósmosis, etc.

En el caso de agua urbana, los tratamientos suelen incluir la siguiente secuencia:

- Pretratamiento
- Tratamiento primario
- Tratamiento secundario

- Tratamiento terciario

Pretratamiento: Busca acondicionar el agua residual para facilitar los tratamientos propiamente dichos, y preservar la instalación de erosiones y taponamientos. Incluye equipos tales como rejas, tamices, desarenadores y desengrasadores.

Tratamiento primario o tratamiento físico-químico: busca reducir la materia suspendida por medio de la precipitación o sedimentación, con o sin reactivos, o por medio de diversos tipos de oxidación química, poco utilizada en la práctica, salvo aplicaciones especiales, por su alto coste. Consisten en la oxidación aerobia de la materia orgánica en sus diversas variantes de fangos activados, lechos de partículas, lagunas de oxidación y otros sistemas o su eliminación anaerobia en digestores cerrados. Ambos sistemas producen fangos en mayor o menor medida que, a su vez, deben ser tratados para su reducción, acondicionamiento y destino final.

Tratamiento secundario o tratamiento biológico: se emplea de forma masiva para eliminar la contaminación orgánica disuelta, la cual es costosa de eliminar por tratamientos físico-químicos. Suele aplicarse tras los anteriores.

Tratamiento terciario, de carácter físico-químico o biológico: desde el punto de vista conceptual no aplica técnicas diferentes que los tratamientos primarios o secundarios, sino que utiliza técnicas de ambos tipos destinadas a pulir o afinar el vertido final, mejorando alguna de sus características. Si se emplea intensivamente pueden lograr hacer el agua de nuevo apta para el abastecimiento de necesidades agrícolas, industriales, e incluso para potabilización (reciclaje de efluentes).

Proceso del tratamiento de aguas

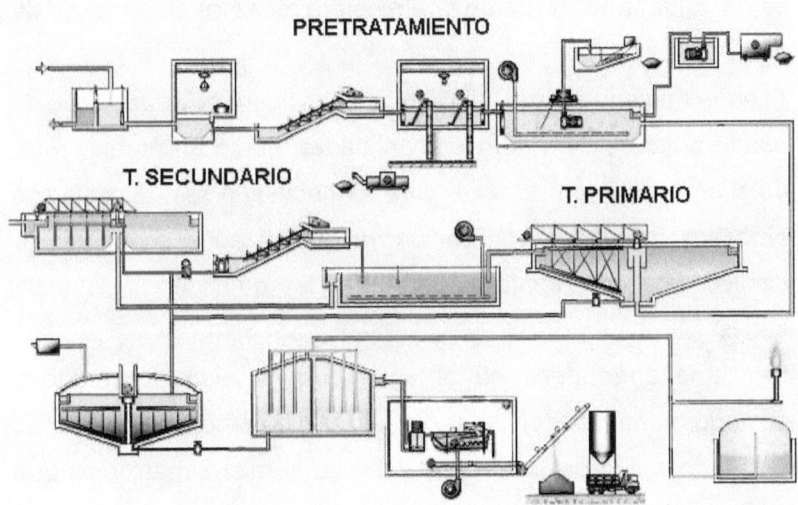

Composición del agua de consumo

El agua es una sustancia química formada por dos átomos de hidrógeno y uno de oxígeno. Su fórmula molecular es **H_2O.**

El agua cubre el 72% de la superficie del planeta Tierra y representa entre el 50% y el 90% de la masa de los seres vivos. Es una sustancia relativamente abundante aunque solo supone el 0,022% de la masa de la Tierra. Se puede encontrar esta sustancia en prácticamente cualquier lugar de la biosfera y en los tres estados de agregación de la materia: sólido, líquido y gaseoso.

Se halla en forma líquida en los mares, ríos, lagos y océanos. En forma sólida, nieve o hielo, en los casquetes polares, en las cumbres de las montañas y en los lugares de la Tierra donde la temperatura es inferior a cero grados Celsius. Y en forma gaseosa se halla formando parte de la atmósfera terrestre como vapor de agua.

El agua no tiene olor, ni sabor, más sí un ligero color azul, que se puede notar sólo en grandes cantidades, como en el mar. Para obtener agua químicamente pura es necesario realizar diversos procesos físicos de purificación ya que el agua es capaz de disolver una gran cantidad de sustancias químicas, incluyendo gases.

Se llama agua destilada al agua que ha sido evaporada y posteriormente condensada. Al realizar este proceso se eliminan casi la totalidad de sustancias disueltas y microorganismos que suele contener el agua; es prácticamente la sustancia química pura H_2O.

El punto de ebullición del agua a la presión de una atmósfera, que suele ser la que hay al nivel del mar, es de 100 °C, y su punto de congelación es de 0 °C. La densidad máxima del agua líquida es 1 g/cm^3, alcanzándose este valor a una temperatura de 3,8 °C; la densidad del agua sólida es menor que la del agua líquida a la misma temperatura, 0,917 g/ml.

El agua tiene una tensión superficial muy elevada. El calor específico del agua es de 1 cal/°C·g.

Se dice del agua que es una molécula polar porque presenta polaridad eléctrica, con un exceso de carga negativa junto al oxígeno, compensada por otra positiva repartida entre los dos átomos de hidrógeno; los dos enlaces entre hidrógeno y oxígeno no ocupan una posición simétrica, sino que forman un ángulo de 104° 45'. El agua es un termorregulador del clima, gracias a su elevada capacidad calorífica. Su elevada tensión superficial hace que se vea muy afectada por fenómenos de capilaridad.

- Presenta un punto de ebullición de 373 K (100 °C) a presión de 1 atm.
- Tiene un punto de fusión de 273 K (0 °C) a presión de 1 atm.
- El agua pura no conduce la electricidad (agua pura quiere decir agua destilada libre de sales y minerales)
- Es un líquido inodoro e insípido. Estas son las propiedades organolépticas, es decir, las que se perciben con los órganos de los sentidos del ser humano.
- Se presenta en la naturaleza de tres formas, que son: sólido, líquido o gas.
- Tiene una densidad máxima de 1 g/cm^3 a 277 K y presión 1 atm. Esto quiere decir que por cada centímetro cúbico (cm^3) hay 1g de agua.
- Forma dos diferentes tipos de meniscos: cóncavo y convexo.
- Tiene una tensión superficial, cuando la superficie de los líquidos se comporta como una película capaz de alargarse y al mismo tiempo ofrecer cierta resistencia al

intentar romperla y esta propiedad ayuda a que algunas cosas muy ligeras floten en la superficie del agua.
- Posee capilaridad, que es la propiedad de ascenso o descenso de un líquido dentro de un tubo capilar.
- La capacidad calorífica es mayor que la de otros líquidos.
- El calor latente de fusión del hielo se define como la cantidad de calor que necesita un gramo de hielo para pasar del estado sólido al líquido, manteniendo la temperatura constante en el punto de fusión (273 k).
- Calor latente de fusión del hielo a 0 °C: 80 cal/g (ó 335 J/g)
- Calor latente de evaporación del agua a 100 °C: 540 cal/g (ó 2260 J/g)

Composición del agua

No existe naturalmente el agua químicamente pura, o por lo menos tal como la conocemos desde el laboratorio, su composición y calidad es muy variable, y está determinada por el sustrato del suelo por donde transita o está asentada, las filtraciones, la presencia de fuentes de contaminación en sus cauces, tanto de origen químico (fábricas, curtiembres, etc.), o bacteriológica (establecimientos frigoríficos o lecheros que vuelquen a sus cauces los efluentes), así como la utilización indiscriminada de plaguicidas y fertilizantes de alta solubilidad.
Podemos encontrar entonces variados elementos en el agua, entre ellos:

1. Metales: sodio, calcio, magnesio, potasio, hierro, manganeso, cobre, plomo, estroncio, litio, vanadio, cinc, y aluminio
2. No metales: cloro, azufre, carbonatos, silicatos, nitratos, nitritos y amonio
3. Sales y óxidos incrustantes: carbonato de calcio, cloruro de calcio, carbonato de magnesio, sulfato de magnesio, cloruro de magnesio, óxido de hierro y óxido de cinc.
4. Sales no incrustantes: cloruro de sodio, carbonato de sodio, sulfato de bario y nitrato de potasio
5. Gases disueltos: dióxido de carbono, oxigeno, nitrógeno y metano

Efecto de las sales más comunes en el agua sobre el organismo animal:

Cloruros
- *Cloruro de sodio*: da al agua gusto salado, la misma puede tener un efecto tóxico, produciendo anorexia, pérdida de peso y deshidratación. Hay que tener cuidado pues la misma concentración que no produce toxicidad en invierno, en el verano por el aumento del consumo de agua y la evaporación que concentra solutos puede resultar tóxica.
- *Cloruro de magnesio*: da al agua un gusto muy amargo y acción purgante suave. Se producen perdidas de apetito

y diarreas intermitentes. El efecto se elimina si hay cantidades similares de sulfato de sodio.
- *Cloruro de calcio*: da al agua gusto muy amargo y acción purgante suave, es más toxica que el cloruro de sodio.

Sulfatos

Los sulfatos actúan sobre el equilibrio ácido - básico por alterar el tenor de calcio y fósforo normales en suero, se atenúa con la presencia de calcio en agua.

Tienen efecto laxante y afectan la absorción de calcio, provocando inconvenientes en la formación de hemoglobina con la consiguiente anemia, se observa también decoloración del pelo.

- *Sulfato de magnesio y sulfato de sodio*: dan al agua sabor amargo y también efecto purgante, el sulfato de sodio es menos perjudicial que el de magnesio, la presencia de bicarbonato disminuye la tolerancia al sulfato de sodio.
- *Sulfato de calcio*: es el menos perjudicial, se puede usar agua con concentración saturada sin efectos perjudiciales

Nitratos, nitrito y amoníacos

Su presencia en el agua se debe a contaminación con materia orgánica en descomposición. El problema aumenta en épocas de lluvias y disminuye en época seca, así como en aquellos animales alimentados con raciones de baja energía o carentes de minerales en los que se agravan los efectos.

Si se detecta su presencia deben realizarse análisis bacteriológicos, pues se pueden producir intoxicaciones.

Los nitritos acumulados en el organismo se combinan con la hemoglobina formando metahemoglobina produciendo anemia anoréxica.

Los animales presentan diarrea, salivación, respiración rápida, temblores, marcha vacilante con posterior decúbito, cianosis, palidez de las mucosas, pulso rápido con temperatura normal o subnormal.

Las vacas preñadas pueden tener abortos.

Los animales más sensibles son los recién llegados a la aguada contaminada. Debe aplicarse vitamina A, ya que los nitritos perturban la formación de los carotenos.

En relevamientos realizados en USA, se determinó que cerca del 50% de los campos tienen presencia de Nitratos en agua, siendo relevantes solo el 2,6%.

Arsénico

Aún en concentraciones pequeñas puede acumularse en el organismo y producir intoxicación crónica.

Sus síntomas son animales deprimidos, sin apetito, débiles y torpes, con temblores, convulsiones, diarreas y gastroenteritis hemorrágica.

La máxima concentración soportable por el vacuno, según distintos autores se estima de 0,15 a 0,30 mg/lt, pero aún con estas concentraciones se pueden producir intoxicaciones crónicas.

Carbonatos

Los carbonatos y bicarbonatos se encuentran en aguas de bajo contenido salino, al hervir el agua, los bicarbonatos se transforman en carbonatos y precipitan. Esto se denomina dureza temporaria, puesto que al precipitar los carbonatos dejan de estar disueltos en agua con lo que disminuye la concentración.

Con el soleado también se produce precipitación, pues para esto no es necesario que el agua alcance los 100º C. A medida que aumenta la temperatura el proceso se acelera.

Concentraciones de 2 a 3 gr/lt de carbonatos disueltos no son nocivas para el organismo animal.

Fluoruros

Cuando el flúor se halla en cantidades adecuadas, favorece la dureza de dientes y huesos.

En cantidades excesivas o en pequeñas cantidades pero en lapsos prolongados retarda el crecimiento de los animales. Las intoxicaciones crónicas producen anomalías en dientes y huesos (pueden hasta estallar), retraso del crecimiento, cojera, y rigidez.

El moteado de dientes se da a partir de concentraciones mínimas y se transforma en el primer síntoma observable.

Los animales jóvenes son los menos tolerantes al exceso de flúor. Sin embargo, el flúor no atraviesa la barrera placentaria, por lo que no afecta terneros en gestación, ni tampoco pasa en gran cantidad en la leche, por lo cual el riesgo para el ternero se presenta recién cuando comienza a ingerir agua.

El calcio y el magnesio actúan favorablemente dificultando la absorción del flúor a través del tubo digestivo cuando este último se halla en exceso.

Sulfuros

Su presencia indica el contacto del agua con materia orgánica en putrefacción, con un análisis bacteriológico puede inferirse su existencia. El más común es el sulfuro de hidrógeno.
Los síntomas y signos que produce son disnea, parálisis respiratoria, cianosis, convulsiones y apatía. Cantidades mínimas pueden llevar a la muerte.

Fosfatos

La presencia de los mismos indica contaminación con materia orgánica. Se determina mediante análisis bacteriológico. Se trata con cloro como desinfectante.

Cinc

Esta contaminación se presenta por desprendimiento de superficies metálicas. Produce problemas de constipación crónica, aunque pequeñas concentraciones le confieren al agua sabor desagradable lo que limita el consumo por parte de los animales. Los más susceptibles son los más jóvenes.

Plomo

No es aconsejable usar el agua que lo contenga aun en las más pequeñas cantidades. Su presencia se debe generalmente a la contaminación ambiental o por el uso de las cañerías de plomo.

Los síntomas que produce son anorexia, adelgazamiento progresivo, depresión, debilidad muscular, postración y constipación. Los animales vagan, rechinan los dientes, sufren cólicos y convulsiones.

Cobre y Molibdeno

El molibdeno es peligroso, siempre que el cobre sea inferior al normal y si el agua es rica en sulfatos. A concentraciones mayores produce anemia, decoloración del pelo, dolores articulares y diarrea.

El exceso de molibdeno en pasturas (algunos tréboles) y de sulfatos en el agua combinados inhibe la absorción de cobre aunque el mismo se encuentre en valores normales. Este es tratable mediante suministro oral o inyectable.

Sodio y Potasio

En los análisis se los suele determinar juntos, en aguas con mayor salinidad hay menor probabilidad de error en la determinación de la concentración de los mismos. Son perjudiciales en altas concentraciones, aunque es muy raro encontrar casos de intoxicaciones debidas a estos elementos. En concentraciones normales son esenciales en la nutrición.

Calcio y Magnesio

Responsables de la dureza del agua. Los límites aceptados según el tipo de animal son: para vacas lecheras 0,25 grs/lt, terneros destetados 0,4 gr/lt y adultos 0,5 gr/lt.

Boro
El agua para consumo de los animales no debe poseer una concentración mayor a 20 mg/lt

Vanadio
Favorece el esmalte dentario, es aceptable hasta 0,1 mg/lt

Aluminio
Para el caso del aluminio la concentración aceptable en agua es de hasta 5 mg/lt.

Los excesos de efectos de las sales totales del agua en el organismo animal:

Tolerancia a los efectos de las sales
Dentro de las especies domésticas la más resistente a las altas concentraciones de sales totales es el ovino, seguida por el bovino de cría, el de invernada, el lechero y en los últimos lugares el equino y el suino.

Incremento o disminución de la tolerancia
Las altas temperaturas aumentan el riesgo de intoxicaciones por el incremento del consumo de agua, la concentración de sales por la evaporación y consecuentemente una mayor ingesta de sales. Los pastos secos reducen la tolerancia. Los animales jóvenes son menos tolerantes que los adultos.

Efectos en el comportamiento y síntomas

Los excesos de sales provocan menor consumo de alimentos, disminuyen el peso corporal y la producción láctea, provocando trastornos como diarrea, gastroenteritis, rigidez, ataxia y parálisis. Con el agua de bebida muy salina el animal necesita complementar el consumo con más oligoelementos.

Aguas engordadoras

Se denominan *aguas engordadoras* a aquellas cuyo contenido de sales favorece el aumento de peso. Un ejemplo de esto pueden constituirlo aquellas aguas con buen contenido de bicarbonato de calcio o sulfato de sodio. Este último en concentraciones de 1 gr/lt da una tendencia a mayor consumo cuando se pastorean pasturas maduras.

Con el incremento de las precipitaciones aumenta el contenido de fósforo y disminuye el calcio y el magnesio en las pasturas. El consumo de aguas duras lleva a la ingestión de cantidades significativas de calcio y magnesio, que ante las condiciones de escasez de estos elementos mencionados anteriormente sobre las pasturas, provocan beneficios en la producción.

Aguas deficientes en sales

Producen en el ganado el denominado *hambre de sal*, debiendo suministrarse cloruro de sodio y núcleos minerales. Este problema se agrava principalmente en invierno con el consumo de pastos naturales diferidos que han sufrido un lavado por lluvias y rocío.

Patologías determinadas por contaminación química o biológica del agua

Existen otros tipos de contaminaciones, externas al suelo o a la calidad propia del agua, que no son menos importantes y que desarrollan también patologías en los sistemas de producción animal. De algunos de ellos no vamos a hablar, como es el caso de los pesticidas y no porque no sean importantes, dado que un 2% de los campos están contaminados con los mismos.

Contaminación con hidrocarburos

La contaminación de las fuentes de agua con hidrocarburos es un hecho corriente devengado por pérdidas en la maquinaria o accidentes. Los hidrocarburos polinucleados son cancerígenos, fijándose en el tejido graso y en las células del hígado, siendo de carácter acumulativo. En poco tiempo las vacas adelgazan y pierden apetito por un proceso enzimático en la secreción gástrica que rechaza el alimento.

La leche es escasa, porque el metabolismo de formación de grasa de la leche se atrofia por una unión química enzima-polinucleado. Las crías tienen problemas hepáticos, se alimentan con leche deficiente con lo que se puede encontrar una mortandad del 30% o superior.

Los toros fijan estos hidrocarburos en las grasas de su aparato reproductor y este se atrofia y el poder reproductor disminuye su capacidad en un 50%.

Se desaconsejan totalmente las costumbres de agregar combustible a las fuentes de agua como desinfectantes.

Cabe consignar que el derrame de un barril de gasoil de 100 litros puede determinar contaminaciones medibles de hasta 100 km de distancia del lugar del derrame.

Contaminación bacteriológica del agua

El contaminante más común del agua en predios productivos son los Coliformes, de origen fecal, cuyo origen pueden ser las propias deyecciones de las vacas o fallas en la construcción de infraestructura de saneamiento humanas. Se calcula que entre el 65 al 80 % de las contaminaciones por Coliformes fecales son debidas a los humanos.

Aunque los bovinos tienen una gran tolerancia a grandes recuentos bacterianos en agua de bebida, una ingesta excesiva puede interferir con el metabolismo del rumen, sobre todo con las bacterias de la flora ruminal normal especializadas en la digestión del forraje, pudiendo resultar en disminución de la ingesta, llegando a la cetosis.

Concentraciones muy altas pueden causar diarreas, abscesos, úlceras, mastitis, pudiendo haber también intoxicación en los casos de salmonelosis.

Patologías generadas por vectores habitantes del agua

Si bien el agua no tiene aquí nada que ver, debemos considerarlas e incluirlas, ya que sin agua estas enfermedades no existen, ya que precisan del medio acuático para su cadena de desarrollo. Por lo tanto hay una asociación estrecha entre las mismas. Estas son la Fasciolosis (*Fasciola hepática*) y la Paramfistomiaisis (*Paramphistomum spp.*). Ambas duelas precisan del vector u hospedero intermediario de un caracol acuático para cumplir su ciclo infestante posterior.

Patologías generadas por caracteres especiales de las plantas semi-acuáticas

Plantas de bañado como el Junquillo (*Scirpus californicus*), tienen la propiedad de mantenerse siempre verdes, aun en periodo de sequía, y ser muy apetecibles para el ganado. Por otra parte, este tipo de plantas tienen la propiedad de absorber y concentrar en ellas los solutos existentes en agua, siendo usadas en países desarrollados con esos fines para descontaminar fuentes de agua. El problema es entonces su capacidad de concentrar elementos tóxicos.

Otros autores citan que en aquellos lugares en que las prácticas de riego propenden a contaminar aguas y suelos con Selenio, el manejo de cultivares de *Brassica sp.* Controla los depósitos de Selenio, liberándolos y absorbiéndolos, aunque trasladan los problemas de Selenio a las plantas tornándolas hiperseleníferas. Aluminio deprimen la absorción de fósforo por precipitación en el tubo digestivo.

Cristal de agua

DESCALCIFICACIÓN, DESMINERALIZACIÓN, PH

Descalcificación

El calcio y magnesio presentes en el agua son los causantes del problema de la dureza. Unas altas concentraciones de ambos minerales en el agua provocan incrustaciones en tuberías y equipos, originándose problemas de mantenimiento y mayor gasto económico en detergentes y calentamiento de aguas. Este problema puede solucionarse mediante el uso de un descalcificador.

Un equipo que transforma los iones de calcio y magnesio (sales incrustantes que están presentes en el agua) en iones de sodio, sales solubles que dejan depósitos. Este procedimiento se conoce como "ablandamiento" o "descalcificación" del agua.

Los descalcificadores permiten rebajar los niveles de calcio y magnesio presentes en el agua a unos niveles óptimos para el perfecto funcionamiento de las instalaciones y su consumo para agua potable. Nuestros equipos de intercambio iónico retienen los iones causantes de la dureza sustituyéndolos por el sodio presente en la sal utilizada para la regeneración de las resinas.

De esta forma puede reducirse la dureza a los valores óptimos deseados. También disponemos de descalcificadores dúplex que pueden funcionar en continuo alternando cada botella tras cada regeneración.

Descalcificadores

También es posible la transformación alotrópica del estado cristalino del carbonato de calcio, compuesto causante de las incrustaciones en el agua, con innovadores equipos de descalcificación electromagnética. Gracias a ello, y con un bajo coste de inversión, es posible evitar por completo la aparición de cualquier tipo de incrustación calcárea presente en el agua mediante la sencilla instalación de este tipo de descalcificadores.

Descalcificadores electromagnéticos

El ablandamiento se produce por medio de resinas catiónicas de intercambio de iones, sobre las cuales el agua dura, al atravesarlas, deja las sales que constituyen su "dureza". Este proceso continúa hasta la saturación completa de las resinas, las cuales, para recuperar sus características originales, deben ser tratadas con sal de cocina disuelta en agua (salmuera).

Esta operación es denominada regeneración y una vez programada, es ejecutada por el aparato en 5 fases como se describe a continuación:

- Lavado de las resinas en contracorriente.
- Extracción de la salmuera y tratamiento de resinas.
- Restitución del nivel de sal.

- Juagado de la resina (rinse).
- Re-arranque a operación.

Otras formas de ablandamiento

Ablandamiento del agua por la cal sodada

La dureza permanente que es debida a sulfatos de calcio y de magnesio solubles no puede eliminarse por ebullición del agua.

Este es el método químico más importante para el ablandamiento del agua. En este proceso las sales solubles se transforman químicamente en compuestos insolubles, que son en parte precipitados y en parte filtrados. Generalmente es necesario agregar los reactivos, uno para eliminar la dureza temporal provocada por el carbonato ácido de calcio y a las sales de magnesio, y el otro reactivo, para eliminar la dureza permanente originada por el sulfato de calcio.

Ablandamiento del agua con carbonato bárico y cal

Esta modificación al proceso de la cal sodada se utiliza tanto para ablandar el agua como para reducir la cantidad de sólidos disueltos. En este proceso la dureza temporal y las sales de magnesio se eliminan por la acción de la cal.

Desmineralización

La desmineralización es un proceso mediante el cual se eliminan sólidos disueltos en el agua. El proceso mediante intercambio iónico emplea resinas catiónicas y aniónicas, que pueden ser base fuerte o base débil dependiendo la calidad del agua a obtener y los contaminantes que se requiera remover.

La cantidad de sólidos disueltos en el agua se puede medir en base a conductividad eléctrica o resistencia que es inversamente proporcional, para aguas que tienen muy pocos sólidos disueltos es más eficiente medir la resistividad, **NO** hay agua que tenga "cero" absoluto, lo más cercano a cero expresado en resistividad es 18.3 millones de ohms, para tener una comparación si un agua tiene 1 de conductividad que aproximadamente significa 0.5 sólidos disueltos totales, esto expresado en ohms es igual a un millón. Por lo que 18.3 millones de ohms es algo que se logra mediante una combinación de varios procesos de desmineralización.

Cualquier proceso usado para eliminar los minerales del agua, sin embargo, normalmente el término se restringe a procesos de intercambio iónico.

Agua ultra pura: Agua muy tratada de alta resistividad y sin compuestos orgánicos; normalmente usada en las industrias de semiconductores y farmacéuticas.

La desionización supone la eliminación de sustancias disueltas cargadas eléctricamente (ionizadas) sujetándolas a lugares cargados positiva o negativamente en una resina al pasar el agua a través de una columna rellena con esta resina. Este proceso se llama intercambio iónico y se puede usar de diferentes maneras para producir agua desionizada de diferentes calidades.

Sistemas de resina catiónica de ácido fuerte + anión básico fuerte

Estos sistemas consisten en dos vasijas – una conteniendo una resina de intercambio catiónico en forma de protones (H^+) y la otra conteniendo una resina aniónica en forma hidroxilos (OH^-) (ver dibujo de abajo). El agua fluye a través de la columna catiónica, con lo cual todos los cationes son sustituidos por protones. El agua descationizada luego fluye a través de la columna aniónica. Esta vez, todos los cationes cargados negativamente son intercambiados por iones hidroxilo, los cuales se combinan con los protones para formar agua (H_2O).

Estos sistemas eliminan todos los iones, incluyendo la sílice. En la mayoría de los casos se aconseja reducir el flujo de iones que se pasan a través del intercambiador iónico por medio de la instalación de una unidad eliminadora de CO_2 entre las vasijas de intercambio iónico. Esto reduce el contenido de CO_2 a unos pocos mg/l y ocasiona una reducción subsiguiente del volumen de la resina aniónica de base fuerte y en los requerimientos de regeneración de los reactivos.

En general el sistema de resina de catión ácido fuerte y anión básico fuerte es el método más simple y con él se puede obtener un agua desionizada que puede ser usada en una amplia variedad de aplicaciones.

Sistemas de resina catiónica ácido fuerte + aniónica básica débil + aniónica básica fuerte

Esta combinación es una modificación del anterior. Proporciona la misma calidad de agua desionizada, a la vez que ofrece ventajas económicas cuando se trata agua que contiene elevadas cantidades de aniones fuertes (cloruros y sulfatos). El subtítulo muestra que es sistema está equipado con un intercambiador aniónico básico extra débil. La unidad eliminadora de CO_2 opcional puede ser instalada tanto después del intercambiador catiónico, como entre los dos intercambiadores aniónicos (ver dibujo de abajo). La regeneración de los intercambiadores aniónicos se realiza con una disolución de sosa cáustica (NaOH) pasándola primero a través de la resina de base fuerte y luego a través de la resina de base débil. Este método requiere de menor cantidad de sosa cáustica que el método descrito anteriormente porque la disolución regeneradora que queda después del intercambiador aniónico de base fuerte es normalmente suficiente para regenerar completamente la resina de base débil. Lo que es más, cuando la materia prima contiene una proporción elevada de materia orgánica, la resina de base débil protege la resina de base fuerte.

Desionización de lecho mixto

En los desionizadores de lecho mixto las resinas de cambio catiónico y las de cambio aniónico están íntimamente mezcladas y contenidas en una única vasija presurizada. Las dos resinas son mezcladas por agitación con aire comprimido, de forma que todo el lecho puede considerarse como un número infinito de intercambiadores aniónicos y catiónicos en serie.

Para llevar a cabo la regeneración, las dos resinas se separan hidráulicamente durante la fase de pérdida. Como la resina aniónica es más ligera que la resina catiónica, se eleva hasta arriba del todo, mientras que la resina catiónica cae hacia abajo del todo. Después del proceso de separación la regeneración se lleva a cabo con sosa cáustica y ácido fuerte. Cualquier exceso del regenerador es eliminado mediante el lavado de cada lecho por separado.

Las ventajas de los sistemas de lecho mixto son las que siguen:

El agua obtenida es de muy alta pureza y su calidad permanece constante a lo largo del ciclo, el pH es casi neutro, los requerimientos de aclarado con agua son muy bajos.

Las desventajas de los sistemas de lecho mixto son una menor capacidad de intercambio y un procedimiento de operación más complicado debido a los pasos de separación y mezcla que tienen que llevarse a cabo.

Además de mediante los sistemas de intercambio iónico, el agua desionizada puede ser producida en plantas de ósmosis inversa. La ósmosis inversa es la filtración más perfecta conocida. Este proceso permitirá la eliminación de partículas tan pequeñas como los iones de una disolución. La ósmosis inversa se usa para purificar el agua y eliminar sales y otras impurezas para mejorar el color, sabor u otras propiedades del fluido. La ósmosis inversa es capaz de rechazar las bacterias, sales, azúcares, proteínas, partículas, tintes, y otros constituyentes que tengan un peso molecular de más de 150-250 Daltons.

La ósmosis inversa cumple con la mayoría de los estándares de agua con un sistema de un solo paso y los estándares más altos con un sistema de doble paso. Este proceso alcanza rechazos de hasta más de un 99,9% de virus, bacteria y pirógenos. La fuerza promotora del proceso de purificación por ósmosis inversa es una presión del rango de 3,4 a 69 bares. Es mucho más eficiente energéticamente que los procesos de cambio de fase (destilación) y más eficiente que los productos químicos fuertes requeridos para la regeneración de los procesos de intercambio iónico. La separación de iones con ósmosis inversa es asistida por partículas cargadas. Esto significa que los iones disueltos que portan una carga, tales como las sales, es más probable que sean rechazados por la membrana que aquellos que no están cargados, tales como los compuestos orgánicos. Cuanto más grande sean la carga y la partícula, mayor probabilidad habrá de que sea rechazada.

Midiendo la pureza
La pureza del agua se puede medir de diversas formas. Se puede intentar determinar el peso de todo el material disuelto ("soluto"); esto se hace más fácilmente con los sólidos disueltos, no como en los líquidos o gases disueltos. Además de pesando las impurezas, también se puede estimar su nivel considerando el grado en el cual incrementan el punto de ebullición del agua o bajan el de congelación. El índice de refracción (una medida de cómo los materiales transparentes desvían las ondas de la luz) se ve también afectado por los solutos del agua. Alternativamente, la pureza del agua puede ser rápidamente estimada basándose en la conductividad eléctrica o en la resistencia – el agua muy pura es muy mala conductora de la electricidad, de modo que su resistencia es elevada.

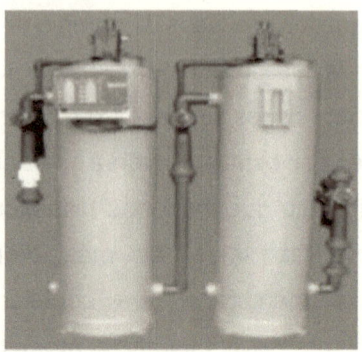

Desmineralizadores

Ciclo de Ablandamiento

Ablandador   Agua dura   Muchos litros   La capacidad de ablandar

Ciclo de Regeneración

Agua conteniendo dureza en cambio del sodio   Todavia descargando agua conteniendo dureza   Remoción del exceso de salmuera   Ablandador de agua

   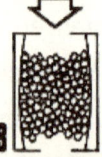

Salmuera, la fuente más económica de sodio   15 a 20 minutos más tarde....   La regeneración está casi completa   Con el material de cambio otra vez listo para cambiar sodio por dureza y continuar suministrando agua completamente blanda

pH

La calidad del agua y el pH son a menudo mencionados en la misma frase. El pH es un factor muy importante, porque determinados procesos químicos solamente pueden tener lugar a un determinado pH. Por ejemplo, las reacciones del cloro solo tienen lugar cuando el pH tiene un valor de entre 6,5 y 8.

El pH es un indicador de la acidez de una sustancia. Está determinado por el número de iones libres de hidrógeno (H+) en una sustancia.

La acidez es una de las propiedades más importantes del agua. El agua disuelve casi todos los iones. El pH sirve como un indicador que compara algunos de los iones más solubles en agua.

El resultado de una medición de pH viene determinado por una consideración entre el número de protones (iones H$^+$) y el número de iones hidroxilo (OH-). Cuando el número de protones iguala al número de iones hidroxilo, el agua es neutra. Tendrá entonces un pH alrededor de 7.

El pH del agua puede variar entre 0 y 14. Cuando el pH de una sustancia es mayor de 7, es una sustancia básica. Cuando el pH de una sustancia está por debajo de 7, es una sustancia ácida. Cuanto más se aleje el pH por encima o por debajo de 7, más básica o ácida será la solución.

El pH es un factor logarítmico; cuando una solución se vuelve diez veces más ácida, el pH disminuirá en una unidad. Cuando una solución se vuelve cien veces más ácida, el pH disminuirá en dos unidades.

El término común para referirse al pH es la alcalinidad.

La palabra pH es la abreviatura de "pondus Hydrogenium". Esto significa literalmente el peso del hidrógeno. El pH es un indicador del número de iones de hidrógeno. Tomó forma cuando se descubrió que el agua estaba formada por protones (H+) e iones hidroxilo (OH-).

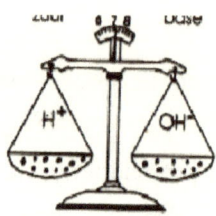

El pH no tiene unidades; se expresa simplemente por un número. Cuando una solución es neutra, el número de protones iguala al número de iones hidroxilo.

Cuando el número de iones hidroxilo es mayor, la solución es básica, Cuando el número de protones es mayor, la solución es ácida. No se puede medir el pH del agua de ósmosis inversa o del agua desmineralizada; Ni el agua desmineralizada ni el agua de ósmosis inversa contienen iones tampón. Esto significa que el pH puede ser tan bajo como 4, pero también tan alto como 12. Ambos tipos de agua no son fácilmente utilizables en su forma natural. Siempre son mezclados antes de su aplicación.

Métodos de determinación del pH

Existen varios métodos diferentes para medir el pH. Uno de estos es usando un trozo de papel indicador del pH. Cuando se introduce el papel en una solución, cambiará de color. Cada color diferente indica un valor de pH diferente. Este método no es muy preciso y no es apropiado para determinar valores de pH exactos. Es por eso que ahora hay tiras de test disponibles, que son capaces de determinar valores más pequeños de pH, tales como 3.5 or 8.5.

El método más preciso para determinar el pH es midiendo un cambio de color en un experimento químico de laboratorio. Con este método se pueden determinar valores de pH, tales como 5.07 and 2.03.

Ninguno de estos métodos es apropiado para determinar los cambios de pH con el tiempo.

El electrodo de pH

Un electrodo de pH es un tubo lo suficientemente pequeño como para poder ser introducido en un tarro normal. Está unido a un pH-metro por medio de un cable. Un tipo especial de fluido se coloca dentro del electrodo; este es normalmente "cloruro de potasio 3M". Algunos electrodos contienen un gel que tiene las mismas propiedades que el fluido 3M. En el fluido hay cables de plata y platino. El sistema es bastante frágil, porque contiene una pequeña membrana. Los iones H+ y OH- entrarán al electrodo a través de esta membrana. Los iones crearán una carga ligeramente positiva y ligeramente negativa en cada extremo del electrodo. El potencial de las cargas determina el número de iones H+ y OH- y cuando esto haya sido determinado el pH aparecerá digitalmente en el pH-metro. El potencial depende de la temperatura de la solución. Es por eso que el pH-metro también muestra la

Ácidos y bases

Cuando los ácidos entran en contacto con el agua, los iones se separan. Por ejemplo, el cloruro de hidrógeno se disociará en iones hidrógeno y cloro (HCL--→ H+ + CL-).

Las bases también se disocian en sus iones cuando entran en contacto con el agua. Cuando el hidróxido de sodio entra en el agua se separará en iones de sodio e hidroxilo (NaOH--→ Na⁺ + OH⁻).

H_2O = H\O/H = H-O-H

Cuando una sustancia ácida acaba en el agua, le cederá a ésta un protón. El agua se volverá entonces ácida. El número de protones que el agua recibirá determina el pH. Cuando una sustancia básica entra en contacto con el agua captará protones. Esto bajará el p del agua. Cuando una sustancia es fuertemente ácida cederá más protones al agua. Las bases fuertes cederán más iones hidroxilo.

En términos químicos

En 1909 el químico danés Sørensen definió el **potencial hidrógeno** (pH) como el logaritmo negativo de la actividad de los iones hidrógeno. Esto es:

$$pH = -\log_{10}[a_{H+}]$$

Desde entonces, el término pH ha sido universalmente utilizado por la facilidad de su uso, evitando así el manejo de cifras largas y complejas. En disoluciones diluidas en lugar de utilizar la actividad del ion hidrógeno, se le puede aproximar utilizando la concentración molar del ion hidrógeno. Por ejemplo, una concentración de [H$^+$] = 1 × 10^{-7} M (0,0000001) es simplemente un pH de 7 ya que:

$$pH = -\log[10^{-7}] = 7$$

El pH típicamente va de 0 a 14 en disolución acuosa, siendo ácidas las disoluciones con pH menores a 7, y básicas las que tienen pH mayores a 7. El pH = 7 indica la neutralidad de la disolución (siendo el disolvente agua). Se considera que p es un operador logarítmico sobre la concentración de una solución: p = –log [...], también se define el **pOH**, que mide la concentración de iones OH$^-$. Puesto que el agua está disociada en una pequeña extensión en iones OH$^-$ y H$^+$, tenemos que:

$$K_w = [H^+][OH^-] = 10^{-14}$$

En donde [H$^+$] es la concentración de iones de hidrógeno, [OH$^-$] la de iones hidróxido, y K_w es una constante conocida como *producto iónico del agua*. Por lo tanto:

$$\log K_w = \log [H^+] + \log [OH^-]$$
$$-14 = \log [H^+] + \log [OH^-]$$
$$14 = -\log [H^+] - \log [OH^-]$$
$$pH + pOH = 14$$

Por lo que se puede relacionar directamente el valor del pH con el del pOH. En disoluciones no acuosas, o fuera de condiciones normales de presión y temperatura, un pH de 7 puede no ser el neutro. El pH al cual la disolución es neutra estará relacionado con la constante de disociación del disolvente en el que se trabaje.

Algunos valores comunes del pH

Sustancia/Disolución	pH
Disolución de HCl 1 M	0,0
Jugo gástrico	1,5
Zumo de limón	2,4
Refresco de cola	2,5
Vinagre	2,9
Zumo de naranja o manzana	3,0
Cerveza	4,5
Café	5,0
Té	5,5
Lluvia ácida	< 5,6
Saliva (pacientes con cáncer)	4,5 a 5,7
Leche	6,5
Agua pura	7,0
Saliva humana	6,5 a 7,4
Sangre	7,35 a 7,45
Orina	8,0
Agua de mar	8,0
Jabón de manos	9,0 a 10,0
Amoníaco	11,5
Hipoclorito de sodio	12,5
Hidróxido sódico	13,5

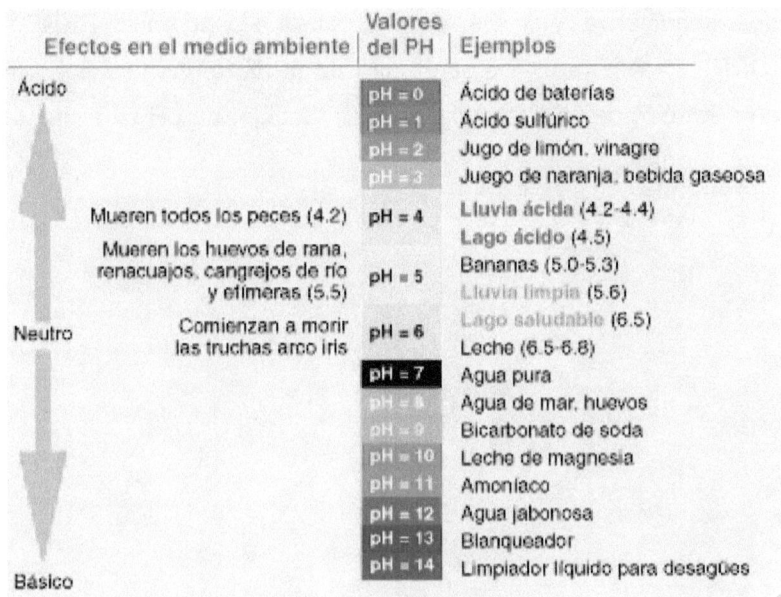

Escalas de pH

Medidor de PH

El medidor de pH es un aparato de mano de fácil manejo para medir pH / mV / °C. El valor de pH y la temperatura pueden transmitirse directamente al PC por medio de la interfaz . Para ello ofrecemos el software y el cable de datos como componentes opcionales. La com- pensación de temperatura se realiza de manera manual o automática por medio de un sensor de temperatura incluido en el envío. Todo ello proporciona una medición de pH de gran fiabilidad. El me- didor de pH tiene una calibración de dos puntos que se puede realizar manualmente con dos dispa- radores trimmer en el lateral del aparato (protegidos bajo una capucha). Con el aparato combinado se pueden determinar el valor de pH, la temperatura o el potencial REDOX (ORP). Para este último parámetro de medición deberá solicitar un electrodo de REDOX adicional. El medidor de pH se alimenta con baterías.

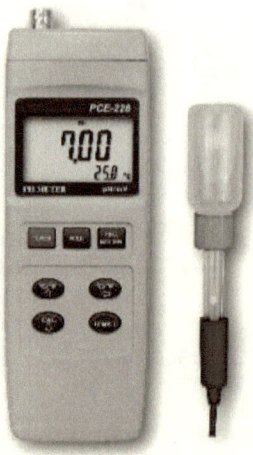

Medidor de pH (pH.-metro) con electrodo

GENERALIDADES SOBRE LOS EQUIPOS DE TRATAMIENTO DE AGUA

Plantas purificadoras comerciales

El agua extraída de los pozos habilitados, llegan a las pequeñas plantas purificadoras locales.

Llegando a las plantas purificadoras, esta es depositada, se le adiciona cloro a 5% con un tiempo de aproximadamente 30 minutos, mediante una bomba ya sea hidráulica o manual es desplazada a unos cilindros, en algunos casos son tres, estos contienen: El primero arena, con distintas granulaciones, pasa luego por otro filtro de carbón activado, aquí se retienen olores, el exceso de cloro y partículas que no hayan sido retenidas por los filtros de arena, y luego por un cilindro que contiene agua con sal que la llamada salmuera, esto es para bajar la dureza al agua.

El proceso continúa, bajo el mismo impulso generado por la bomba hasta una lámpara de luz ultravioleta, este germicida es muy bueno, y tiene algunas ventajas y desventajas:

- El agua debe de estar muy bien filtrada, para que haga efecto la luz ultravioleta.
- El contener partículas microscópicas en la dilución del agua son suficientes para que se ubiquen entre 10.000 y 20.000 colonias bacterianas.
- No quedan residuos tóxicos, pero para mantener a largo plazo este efecto debe de estar básicamente esterilizado el conducto en donde circule el agua.

- Siempre se debe de tener controlado el funcionamiento de la luz ultravioleta.

Siguiendo el circuito de purificación, el agua pasa por una válvula, llamada válvula Venturi, esta es conectada por un generador de ozono, tiene un doble efecto:

- No deja residuos como el cloro que un exceso afecta el sabor y el olor.
- El ozono oxida al hierro, por lo que el sabor a metal se desvanece.
- Es efectivo ya que oxida la membrana bacteriana destruyéndola.
- Una desventaja es que corre con la misma suerte de efectividad que la luz ultravioleta, si el agua a tratar no fue bien filtrada y quedan partículas en suspensión, es posible que no se efectivo.

Agua tratada (agua para uso humano, no para su consumo)

El agua tratada, es para uso humano pero no para su consumo, se toma agua de pozos sépticos, de acúmulos domiciliarios y se la procesa para uso. Los procesos varían según la zona y que tan contaminada o sucia este.

El proceso es el siguiente:

1. Bombear el agua y sedimentarla en grandes depósitos al aire libre.
2. Verificar el pH del medio, acidificarlo con ácido sulfúrico, neutralizarlo o alcalinizarlo con soda cáustica.

3. En base a los valores de pH obtenidos se utiliza un coagulante o floculante, produciendo depósitos llamados barros o lodos. El coagulante en cuestión es el sulfato de aluminio y los floculantes son orgánicos y ecológicos, aptos para remover los lodos e incinerarlos.
4. Los factores que afectan el reúso de este tipo de aguas de residuos sépticos son los hábitos de cada población, la composición orgánica (es decir los residuos no siempre tienden a depositarse en el fondo), el diseño de la planta de tratamiento, la ubicación y la calidad de los compuestos químicos utilizados.
5. Se busca medir el DBO (demanda bioquímica de oxigeno) y DQO (demanda química de oxigeno) en suspensión.
6. Se hace recircular el agua para oxidar el medio, como ser metales.
7. Al clarificar el agua obtenida por este tratamiento se adiciona cloro al agua, esto ayuda y mucho, los resultados son, agua desinfectada y clarificada por acción del cloro.
8. De esta forma se obtiene agua de uso humano aceptable, no para su consumo, pero con muchas impurezas en su composición de dilución.

El uso habitual de este tipo de aguas es el de lavado de vehículos, usos industriales, para usarlo en zonas de riego y uso en poblaciones con escasos recursos para la higiene personal.

El proceso es económico y de poca inversión. Aunque se hierva, el sabor seguirá siendo intolerante, como así también su aspecto visual.

El agua envasada en su origen (Agua para consumo humano)

El proceso de envasado para consumo humano consta de:
- Retener en tanques grandes cantidades de agua, el material de los mismos para contener el agua es completamente inerte.
- Se efectúa al análisis físico- químico y microbiológico, estos son de:
    1. Detección de bacterias.
    2. Los fisicoquímico son la conductibilidad, el pH, la sedimentación, conductibilidad, el sabor y el olor que son ensayos organolépticos o sensoriales. Alcalinidad, dureza o acidez.
- En el transporte del agua, se para por un conducto con luz ultravioleta y para luego pasarla por el dosificador de cloro, finalmente se la filtra.
- Nuevamente se analiza los rangos valorados del agua y se la conduce a la sección de envasado.

El agua, tratamiento y desinfección

Al agua para purificarla se utilizan varios productos y procesos estos son, químicos y físicos.

Los productos químicos son el cloro o lavandina que ronda entre el 5 al 7% en venta comercial al menudeo, estabilizada con hidróxido de sodio que a la vez ayuda en la desinfección, pero está el hecho de que este cloro está contaminado por hierro dando ese color amarillo y el sabor del agua clorada a percibir el gusto al hierro. Se dosifica 10 cm3 de cloro al 7% en 50 litros de agua, dejándolo actuar 30 minutos antes de su consumo.

Está el cloruro de benzalconio, que una solución al 1% desinfecta el agua en un 99,9% existiendo inclusive materia orgánica en suspensión, el volumen aproximado es de 1 cm3 en 80 litros de agua y 30 minutos de contacto, pero, si el agua contiene como ser otro tipo de detergente la acción desinfectante se reduce a casi la nada.

Esta la anormalidad de que para paladares sensibles el gusto a sabor extraño o a detergente se detecte es común, pero con poca significancia tóxica al organismo.

La cantidad varía según la concentración de este desinfectante (cloruro de benzalconio).

Como proceso físico existe el calor, se hierve el agua, pero no cortar el hervor apenas se produzca, sino dejar hervir el agua entre 3 y 4 minutos.

Todo el proceso se realiza con equipos para el tratamiento del agua:

- Desmineralizadotes
- Potabilizadores
- Desalinizadores
- Descalcificadotes
- Filtradores
- Purificadores por ósmosis
- Esterilizadores
- Control del pH

Plantas industriales para el tratamiento del agua

Plantas industriales para el tratamiento del agua

AUTOEVALUACIÓN

Tratamientos del agua. Composición del agua de consumo, descalcificación, desmineralización, PH, generalidades sobre los equipos de tratamiento de agua.

---

1. ¿Qué porcentual de agua tiene el cuerpo del ser humano al nacer?
    a) 25 %
    b) 50 %
    c) 75 %
    d) 90 %
    e) 80 %

2. ¿El agua está formada por Hidrógeno y Oxígeno, cuántos átomos de cada uno?
    a) 2 átomos de H y 1 átomo de O
    b) 1 átomo de H y 0 átomo de O
    c) 0 átomo de H y 3 átomos de O
    d) 3 átomos de H y 4 átomos de O
    e) 4 átomos de H y 2 átomos de O

3. Señalar la respuesta correcta. Dentro de sus propiedades el agua es:
    a) Un combustible natural
    b) Un aceite natural
    c) Un disolvente natural
    d) Todas son correctas
    e) Ninguna es correcta

4. Gracias a la elevada capacidad de evaporación del agua, podemos:
    a) Regular el clima
    b) Regular nuestra temperatura
    c) Regular la cantidad de agua del mundo
    d) Ninguna es correcta
    e) Todas son correctas

5. En ingeniería ambiental el término tratamiento de aguas es el conjunto de operaciones unitarias de tipo:
   a) Físico, químico o biológico
   b) Hidráulico, mecánico y electrónico
   c) Térmico, Hidrostático o nuclear
   d) Matemático, Geométrico o logarítmico
   e) Ninguna es correcta

6. La finalidad del tratamiento de aguas es:
   a) Cuya finalidad no es la eliminación o reducción de la contaminación o las características no deseables de las aguas, bien sean naturales, de abastecimiento, de proceso o residuales llamadas, en el caso de las urbanas, aguas negras.
   b) Cuya finalidad es la eliminación o reducción de la contaminación o las características deseables de las aguas, bien sean naturales, de abastecimiento, de proceso o residuales llamadas, en el caso de las urbanas, aguas negras.
   c) Cuya finalidad es la eliminación o reducción de la contaminación o las características no deseables de las aguas, bien sean naturales, de abastecimiento, de proceso o residuales llamadas, en el caso de las urbanas, aguas negras.
   d) Cuya finalidad no es la eliminación o reducción de la contaminación o las características deseables de las aguas, bien sean naturales, de abastecimiento, de proceso o residuales llamadas, en el caso de las urbanas, aguas negras.
   e) Ninguna es correcta

7. El agua sigue un circuito natural al que llamamos:
   a) Ciclo de la vida
   b) Ciclo del hidrógeno
   c) Ciclo del oxígeno
   d) Ciclo del agua
   e) Ciclo de las lluvias

8. Señalar la respuesta incorrecta. Las aguas residuales pueden provenir de actividades:
   a) Industriales

b) Agrícolas
c) Pluviales
d) Uso doméstico
e) Comerciales

9. Las depuradoras de aguas domésticas o urbanas se denominan:
a) DERA
b) REDA
c) EDAR
d) ARED
e) DAER

10. Para el proceso de tratamiento de agua urbana, ¿Cuál es la respuesta que no corresponde?
a) Pretratamiento
b) Tratamiento primario
c) Tratamiento secundario
d) Tratamiento terciario
e) Ninguna es correcta

11. A qué parte del proceso de tratamiento de aguas refiere el siguiente enunciado: Busca acondicionar el agua residual para facilitar los tratamientos propiamente dichos, y preservar la instalación de erosiones y taponamientos. Incluye equipos tales como rejas, tamices, desarenadores y desengrasadores:
a) Tratamiento cuaternario
b) Ninguno
c) Tratamiento final
d) Tratamiento principal
e) Pretratamiento

12. Se emplea de forma masiva para eliminar la contaminación orgánica disuelta, la cual es costosa de eliminar por tratamientos físico-químicos. Suele aplicarse tras los anteriores. De qué parte del proceso define el enunciado anterior:
a) Tratamiento químico-físico
b) Tratamiento biológico
c) Pretratamiento

d) Tratamiento físico – químico – biológico
e) Ninguna es correcta

13. ¿Cuál es la fórmula molecular del agua?
a) H3 O1
b) H1 O
c) H2 O2
d) H3 O9
e) H2 O

14. Se llama agua destilada al agua que ha sido evaporada y posteriormente:
a) Congelada
b) Solidificada
c) Condensada
d) Compactada
e) Ozonizada

15. El punto de ebullición del agua a la presión de una atmósfera, que suele ser la que hay al nivel del mar, es de:
a) 1º C
b) 10º C
c) 100º C
d) 1000º C
e) 90º C

16. El punto de congelación del agua es de:
a) 0º C
b) – 10º C
c) – 30º C
d) – 15º C
e) Ninguna es correcta

17. El calor específico del agua es de:
a) 100 cal / ºC.g
b) 10 cal / ºC.g
c) 1 cal / ºC.g
d) 2 cal / ºC.g
e) 3 cal / ºC.g

18. **Señalar la respuesta incorrecta. Dentro de la composición del agua podemos encontrar:**
    a) Metales
    b) Gases
    c) No metales
    d) Sales
    e) Plutonio

19. **Qué tipo de sal definen los siguientes componentes: Carbonato de calcio, cloruro de calcio, carbonato de magnesio, sulfato de magnesio, cloruro de magnesio, óxido de hierro y óxido de cinc.**
    a) Sales semi incrustantes
    b) Sales no incrustantes
    c) Sales incrustantes
    d) Sales desincrustantes
    e) Sales marinas

20. **Señalar la respuesta incorrecta. Cuáles son los gases disueltos en el agua:**
    a) Dióxido de carbono
    b) Oxígeno
    c) Nitrógeno
    d) Metano
    e) Tungsteno

21. **Cuál de los siguientes componentes del agua, le da gusto salado a la misma:**
    a) Cloruro de magnesio
    b) Cloruro de potasio
    c) Cloruro de sodio
    d) Cloruro de calcio
    e) Cloruro de cinc

22. **A qué componente se refiere el siguiente enunciado: Su presencia indica el contacto del agua con materia orgánica en putrefacción, con un análisis bacteriológico puede inferirse su existencia. Los síntomas y signos que produce son disnea, parálisis respiratoria, cianosis, convulsiones y apatía. Cantidades mínimas pueden llevar a la muerte.**
    a) Fluoruros

b) Fosfatos
c) Arsénico
d) Sulfuros
e) Plomo

23. A qué tipo de agua, que produce los excesos de efectos de las sales totales del agua en el organismo animal, se refiere el siguiente enunciado: Son aquellas aguas cuyo contenido de sales favorece el aumento de peso. Un ejemplo de esto pueden constituirlo aquellas aguas con buen contenido de bicarbonato de calcio o sulfato de sodio. Este último en concentraciones de 1 gr/lt da una tendencia a mayor consumo cuando se pastorean pasturas maduras.
    a) Aguas excedidas
    b) Aguas obesas
    c) Aguas engordadas
    d) Aguas con sobrepeso
    e) Aguas hinchadas

24. ¿Qué significa la palabra pH?
    a) Peso hidráulico
    b) Parada acuática
    c) Posición hidrogenada
    d) Peso hidrocéfalo
    e) Peso del hidrógeno

25. ¿Según las tablas del pH, cuánto tiene de pH la cerveza?
    a) 1, 5
    b) 2, 5
    c) 3, 5
    d) 4, 5
    e) 5, 5

26. ¿Cómo se llama el instrumento que mide el pH?
    a) pH-nólogo
    b) pH-metro
    c) pH-límetro
    d) pH-tester
    e) Ninguna es correcta

27. ¿Cuál es la unidad de medida del pH?
- a) pH´s
- b) Ohms
- c) Coulombs
- d) Micrones
- e) Ninguna

SOLUCIONARIO

1. ¿Qué porcentual de agua tiene el cuerpo del ser humano al nacer?
    c) 75 %
El cuerpo humano tiene un 75 % de agua al nacer y cerca del 60 % en la edad adulta. Aproximadamente el 60 % de este agua se encuentra en el interior de las células (agua intracelular). El resto (agua extracelular) es la que circula en la sangre y baña los tejidos.

2. ¿El agua está formada por Hidrógeno y Oxígeno, cuántos átomos de cada uno?
    a) 2 átomos de H y 1 átomo de O
Estructura y propiedades del agua
La molécula de agua está formada por dos átomos de H unidos a un átomo de O por medio de dos enlaces covalentes.

3. Señalar la respuesta correcta. Dentro de sus propiedades el agua es:
    c) Un disolvente natural
Propiedades del agua - Acción disolvente
El agua es el líquido que más sustancias disuelve, por eso decimos que es el disolvente universal. Esta propiedad, tal vez la más importante para la vida, se debe a su capacidad para formar puentes de hidrógeno.
En el caso de las disoluciones iónicas los iones de las sales son atraídos por los dipolos del agua, quedando "atrapados" y recubiertos de moléculas de agua en forma de iones hidratados o solvatados.

4. Gracias a la elevada capacidad de evaporación del agua, podemos:
    b) Regular nuestra temperatura
Gracias a la elevada capacidad de evaporación del agua, podemos regular nuestra temperatura, sudando o perdiéndola por las mucosas, cuando la temperatura exterior es muy elevada es decir, contribuye a regular la temperatura corporal mediante la evaporación de agua a través de la piel.

5. En ingeniería ambiental el término tratamiento de aguas es el conjunto de operaciones unitarias de tipo:
    a) Físico, químico o biológico

*En ingeniería ambiental el término **tratamiento** de aguas es el conjunto de operaciones unitarias de tipo físico, químico o biológico cuya finalidad es la eliminación o reducción de la contaminación o las características no deseables de las aguas, bien sean naturales, de abastecimiento, de proceso o residuales llamadas, en el caso de las urbanas, aguas negras.*

6. La finalidad del tratamiento de aguas es:
    c) Cuya finalidad es la eliminación o reducción de la contaminación o las características no deseables de las aguas, bien sean naturales, de abastecimiento, de proceso o residuales llamadas, en el caso de las urbanas, aguas negras.

*En ingeniería ambiental el término **tratamiento** de aguas es el conjunto de operaciones unitarias de tipo físico, químico o biológico cuya finalidad es la eliminación o reducción de la contaminación o las características no deseables de las aguas, bien sean naturales, de abastecimiento, de proceso o residuales llamadas, en el caso de las urbanas, aguas negras.*

7. El agua sigue un circuito natural al que llamamos:
    d) Ciclo del agua

Ciclo del agua: El agua sigue un circuito natural al que llamamos El ciclo del agua:

8. Señalar la respuesta incorrecta. Las aguas residuales pueden provenir de actividades:
    c) Pluviales

Tipos de tratamiento de aguas urbanas
Las aguas residuales pueden provenir de actividades comerciales, industriales o agrícolas y del uso doméstico. Los tratamientos de aguas industriales son muy variados, según el tipo de contaminación, y pueden incluir precipitación, neutralización, oxidación química y biológica, reducción, filtración, ósmosis, etc.

9. Las depuradoras de aguas domésticas o urbanas se denominan:
    c) EDAR

Las depuradoras de aguas domésticas o urbanas se denominan EDAR (Estaciones Depuradoras de Aguas Residuales), y su núcleo es el tratamiento biológico o secundario, ya que el agua residual urbana es fundamentalmente de carácter orgánico en la hipótesis que se han prevenido los vertidos industriales.

10. ¿Para el proceso de tratamiento de agua urbana, cuáles es la respuesta que no corresponde?
    e) Ninguna es correcta

En el caso de agua urbana, los tratamientos suelen incluir la siguiente secuencia:
- *Pretratamiento*
- *Tratamiento primario*
- *Tratamiento secundario*
- *Tratamiento terciario*

11. A qué parte del proceso de tratamiento de aguas refiere el siguiente enunciado: Busca acondicionar el agua residual para facilitar los tratamientos propiamente dichos, y preservar la instalación de erosiones y taponamientos. Incluye equipos tales como rejas, tamices, desarenadores y desengrasadores:
    e) Pretratamiento

Pretratamiento: Busca acondicionar el agua residual para facilitar los tratamientos propiamente dichos, y preservar la instalación de erosiones y taponamientos. Incluye equipos tales como rejas, tamices, desarenadores y desengrasadores.

12. Se emplea de forma masiva para eliminar la contaminación orgánica disuelta, la cual es costosa de eliminar por tratamientos físico-químicos. Suele aplicarse tras los anteriores. De qué parte del proceso define el enunciado anterior:
    b) Tratamiento biológico

Tratamiento secundario o tratamiento biológico: se emplea de forma masiva para eliminar la contaminación orgánica disuelta, la cual es costosa de eliminar por tratamientos físico-químicos. Suele aplicarse tras los anteriores.

13. ¿Cuál es la fórmula molecular del agua?
    e) H_2O

El agua es una sustancia química formada por dos átomos de hidrógeno y uno de oxígeno. Su fórmula molecular es H_2O.

14. Se llama agua destilada al agua que ha sido evaporada y posteriormente:
    c) Condensada

Se llama agua destilada al agua que ha sido evaporada y posteriormente condensada. Al realizar este proceso se eliminan casi la totalidad de sustancias disueltas y microorganismos que suele contener el agua; es prácticamente la sustancia química pura H_2O.

15. El punto de ebullición del agua a la presión de una atmósfera, que suele ser la que hay al nivel del mar, es de:
    c) 100º C

El punto de ebullición del agua a la presión de una atmósfera, que suele ser la que hay al nivel del mar, es de 100 ºC, y su punto de congelación es de 0 ºC. La densidad máxima del agua líquida es 1 g/cm³, alcanzándose este valor a una temperatura de 3,8 ºC; la densidad del agua sólida es menor que la del agua líquida a la misma temperatura, 0,917 g/ml.

16. El punto de congelación del agua es de:
    a) 0º C

El punto de ebullición del agua a la presión de una atmósfera, que suele ser la que hay al nivel del mar, es de 100 ºC, y su punto de congelación es de 0 ºC. La densidad máxima del agua líquida es 1 g/cm³, alcanzándose este valor a una temperatura de 3,8 ºC; la densidad del agua sólida es menor que la del agua líquida a la misma temperatura, 0,917 g/ml.

17. El calor específico del agua es de:
    c) 1 cal / ºC.g

El agua tiene una tensión superficial muy elevada. El calor específico del agua es de 1 cal/ºC·g.

18. Señalar la respuesta incorrecta. Dentro de la composición del agua podemos encontrar:
    e) Plutonio

Podemos encontrar entonces variados elementos en el agua, entre ellos:

6. *Metales: sodio, calcio, magnesio, potasio, hierro, manganeso, cobre, plomo, estroncio, litio, vanadio, cinc, y aluminio*
7. *No metales: cloro, azufre, carbonatos, silicatos, nitratos, nitritos y amonio*
8. *Sales y óxidos incrustantes: carbonato de calcio, cloruro de calcio, carbonato de magnesio, sulfato de magnesio, cloruro de magnesio, óxido de hierro y óxido de cinc.*
9. *Sales no incrustantes: cloruro de sodio, carbonato de sodio, sulfato de bario y nitrato de potasio*
10. *Gases disueltos: dióxido de carbono, oxigeno, nitrógeno y metano*

19. Qué tipo de sal definen los siguientes componentes: Carbonato de calcio, cloruro de calcio, carbonato de magnesio, sulfato de magnesio, cloruro de magnesio, óxido de hierro y óxido de cinc.
   c) **Sales incrustantes**

Sales y óxidos incrustantes: carbonato de calcio, cloruro de calcio, carbonato de magnesio, sulfato de magnesio, cloruro de magnesio, óxido de hierro y óxido de cinc.

20. Señalar la respuesta incorrecta. Cuáles son los gases disueltos en el agua:
   e) **Tungsteno**

Gases disueltos: dióxido de carbono, oxigeno, nitrógeno y metano

21. Cuál de los siguientes componentes del agua, le da gusto salado a la misma:
   c) **Cloruro de sodio**

Cloruros
- *Cloruro de sodio: da al agua gusto salado, la misma puede tener un efecto tóxico, produciendo anorexia, pérdida de peso y deshidratación. Hay que tener cuidado pues la misma concentración que no produce toxicidad en invierno, en el verano por el aumento del consumo de agua y la evaporación que concentra solutos puede resultar tóxica.*

22. A qué componente se refiere el siguiente enunciado: Su presencia indica el contacto del agua con materia orgánica en putrefacción, con un análisis bacteriológico puede inferirse su existencia. Los síntomas y signos que produce son disnea, parálisis respiratoria, cianosis, convulsiones y apatía. Cantidades mínimas pueden llevar a la muerte.
    d) Sulfuros

Sulfuros
Su presencia indica el contacto del agua con materia orgánica en putrefacción, con un análisis bacteriológico puede inferirse su existencia. El más común es el sulfuro de hidrógeno. Los síntomas y signos que produce son disnea, parálisis respiratoria, cianosis, convulsiones y apatía. Cantidades mínimas pueden llevar a la muerte.

23. A qué tipo de agua, que produce los excesos de efectos de las sales totales del agua en el organismo animal, se refiere el siguiente enunciado: Son aquellas aguas cuyo contenido de sales favorece el aumento de peso. Un ejemplo de esto pueden constituirlo aquellas aguas con buen contenido de bicarbonato de calcio o sulfato de sodio. Este último en concentraciones de 1 gr/lt da una tendencia a mayor consumo cuando se pastorean pasturas maduras.
    d) Aguas engordadas

Aguas engordadoras
Se denominan aguas engordadoras a aquellas cuyo contenido de sales favorece el aumento de peso. Un ejemplo de esto pueden constituirlo aquellas aguas con buen contenido de bicarbonato de calcio o sulfato de sodio. Este último en concentraciones de 1 gr/lt da una tendencia a mayor consumo cuando se pastorean pasturas maduras.
Con el incremento de las precipitaciones aumenta el contenido de fósforo y disminuye el calcio y el magnesio en las pasturas. El consumo de aguas duras lleva a la ingestión de cantidades significativas de calcio y magnesio, que ante las condiciones de escasez de estos elementos mencionados anteriormente sobre las pasturas, provocan beneficios en la producción.

24. ¿Qué significa la palabra pH?
   e) Peso del hidrógeno

La palabra pH es la abreviatura de "pondus Hydrogenium". Esto significa literalmente el peso del hidrógeno. El pH es un indicador del número de iones de hidrógeno. Tomó forma cuando se descubrió que el agua estaba formada por protones (H+) e iones hidroxilo (OH-).

25. ¿Según las tablas del pH, cuánto tiene de pH la cerveza?
   d) 4, 5

Algunos valores comunes del pH

```
: Cerveza      4,5  :
```

26. ¿Cómo se llama el instrumento que mide el pH?
   b) pH-metro

Medidor de pH (pH-metro) con electrodo

27. ¿Cuál es la unidad de medida del pH?
   e) Ninguna

El pH no tiene unidades; se expresa simplemente por un número.

Corrosiones e incrustaciones. Tipos de corrosión, medidas de prevención y protección.

CORROSIONES E INCRUSTACIONES

Introducción

El agua se encuentra en la naturaleza y va acompañada de diversas sales y gases en disolución.

Según los elementos que la acompañan, podríamos considerar las mismas en dos grandes grupos: "Elementos Disueltos" y "Elementos en Suspensión", esto lo constituyen los minerales finamente divididos, como las arcillas y los restos de organismos vegetales o animales; y la cantidad de sustancias suspendidas, que son mayor en aguas turbulentas que en aguas quietas y de poco movimiento.

Es importante destacar que es necesario añadir a las descriptas, los residuos que las industrias lanzan a los cursos fluviales procedentes de distintos procesos de producción.

Constituyen los elementos disueltos en el agua, las sustancias orgánicas, las sales minerales, los gases disueltos, las sales minerales y la sílice, aunque ésta también suele aparecer como elemento en suspensión en forma de finísimas partículas o coloides.

Las aguas pueden considerarse según la composición de sales minerales presentes en:

Aguas Duras

Importante presencia de compuestos de calcio y magnesio, poco solubles, principales responsables de la formación de depósitos e incrustaciones.

Aguas Blandas

Su composición principal está dada por sales minerales de gran solubilidad.

Aguas Neutras

Componen su formación una alta concentración de sulfatos y cloruros que no aportan al agua tendencias ácidas o alcalinas, o sea que no alteran sensiblemente el valor de pH.

Aguas Alcalinas

Las forman las que tienen importantes cantidades de carbonatos y bicarbonatos de calcio, magnesio y sodio, las que proporcionan al agua reacción alcalina elevando en consecuencia el valor del pH presente. Los gases disueltos en el agua, provienen de la atmósfera, de desprendimientos gaseosos de determinados subsuelos, y en algunas aguas superficiales de la respiración de organismos animales y vegetales. los gases disueltos que suelen encontrarse son él oxígeno, nitrógeno, anhídrido carbónico presente procede de la atmósfera arrastrado y lavado por la lluvia, de la respiración de los organismos vivientes, de la descomposición anaeróbica de los hidratos de carbono y de la disolución de los carbonatos del suelo por acción de los ácidos, también puede aparecer como descomposición de los bicarbonatos cuando se modifica el equilibrio del agua que las contenga. El gas carbónico se disuelve en el agua, en parte en forma de gas y en parte reaccionando con el agua para dar ácido carbónico de naturaleza débil que se disocia como ion bicarbonato e ion hidrógeno, el que confiere al agua carácter ácido.

Problemas derivados de la utilización del agua en calderas

Los problemas más frecuentes presentados en calderas pueden dividirse en dos grandes grupos:

- Problemas de corrosión
- Problemas de incrustación

Aunque menos frecuente, suelen presentarse ocasionalmente:

- Problemas de ensuciamiento y/o contaminación.

A continuación las principales características de los ítems arriba mencionados.

Corrosión

Para que esta aparezca, es necesario que exista presencia de agua en forma líquida, el vapor seco con presencia de oxígeno, no es corrosivo, pero los condensados formados en un sistema de esta naturaleza son muy corrosivos.

En las líneas de vapor y condensado, se produce el ataque corrosivo más intenso en las zonas donde se acumula agua condensada. La corrosión que produce el oxígeno, suele ser severa, debido a la entrada de aire al sistema, a bajo valor de pH, el bióxido de carbono abarca por sí mismo los metales del sistema y acelera la velocidad de la corrosión del oxígeno disuelto cuando se encuentra presente en el oxígeno.

El oxígeno disuelto ataca las tuberías de acero al carbono formando montículos o tubérculos, bajo los cuales se encuentra una cavidad o celda de corrosión activa: esto suele tener una coloración negra, formada por un óxido ferroso- férrico hidratado.

Una forma de corrosión que suele presentarse con cierta frecuencia en calderas, corresponde a una reacción de este tipo:

$$3\ Fe + 4\ H_2O \longrightarrow Fe_3O_4 + 4\ H_2$$

Esta reacción se debe a la acción del metal sobre calentado con el vapor.

Otra forma frecuente de corrosión, suele ser por una reacción electroquímica, en la que una corriente circula debido a una diferencia de potencial existente en la superficie metálica.

Los metales se disuelven en el área de más bajo potencial, para dar iones y liberar electrones de acuerdo a la siguiente ecuación:

$$\text{En el ánodo } Fe - 2\ e^- \longrightarrow Fe^{++}$$
$$\text{En el cátodo } O_2 + 2\ H_2O + 4\ e^- \longrightarrow 4\ HO^-$$

Los iones HO- (oxidrilos) formados en el cátodo migran hacia el ánodo donde completan la reacción con la formación de hidróxido ferroso que precipita de la siguiente forma:

$$Fe^{++} + 2\ OH^- \longrightarrow (HO)_2\ Fe$$

Si la concentración de hidróxido ferroso es elevada, precipitará como flóculos blancos.

El hidróxido ferroso reacciona con el oxígeno adicional contenido en el agua según las siguientes reacciones:

$$4\ (HO)_2\ Fe + O_2 \longrightarrow 2\ H_2O + 4\ (HO)_2\ Fe$$
$$2\ (HO)_2\ Fe + HO^- \longrightarrow (HO)_3\ Fe + e$$
$$(HO)_3\ Fe \longrightarrow HOOFe + H_2O$$
$$2\ (HO)_3\ Fe \longrightarrow O_3Fe_2\ 3\ H_2O$$

Incrustación

La formación de incrustaciones en el interior de las tuberías de calderas suelen verse con mayor frecuencia que lo estimado conveniente. El origen de las mismas está dado por las sales presentes en las aguas de aporte a los generadores de vapor, las incrustaciones formadas son inconvenientes debido a que poseen una conductividad térmica muy baja y se forman con mucha rapidez en los puntos de mayor transferencia de temperatura.

Por esto, las calderas incrustadas requieren un mayor gradiente térmico entre el agua y la pared metálica que las calderas con las paredes limpias. Otro tema importante que debe ser considerado, es la falla de los tubos ocasionados por sobrecalentamientos debido a la presencia de depósitos, lo que dada su naturaleza, aíslan el metal del agua que los rodea pudiendo así sobrevenir desgarros o roturas en los tubos de la unidad con los perjuicios que ello ocasiona. Las sustancias formadoras de incrustaciones son principalmente el carbonato de calcio, hidróxido de magnesio, sulfato de calcio y sílice, esto se debe a la baja solubilidad que presentan estas sales y algunas de ellas como es el caso del sulfato de calcio, decrece con el aumento de la temperatura. Estas incrustaciones forman depósitos duros muy adherentes, difíciles de remover, algunas de las causas más frecuentes de este fenómeno son las siguientes:

- Excesiva concentración de sales en el interior de la unidad.
- El vapor o condensado tienen algún tipo de contaminación.

- Transporte de productos de corrosión a zonas favorables para su precipitación.
- Aplicación inapropiada de productos químicos.

Las reacciones químicas principales que se producen en el agua de calderas con las sales presentes por el agua de aporte son las siguientes:

$$Ca^{++} + 2\,HCO_3^- \longrightarrow CO_3Ca + CO_2 + H_2O$$
$$Ca^{++} + SO_4^= \longrightarrow SO_4Ca \quad Ca^{++} + SiO_3^= \longrightarrow SiO_3Ca$$
$$Mg^{++} + 2\,CO_3H^- \longrightarrow CO_3Mg + CO_2 + H_2O$$
$$CO_3Mg + 2\,H_2O \longrightarrow (HO)_2Mg + CO_2 Mg^{++} + SiO_3 \longrightarrow SiO_3Mg$$

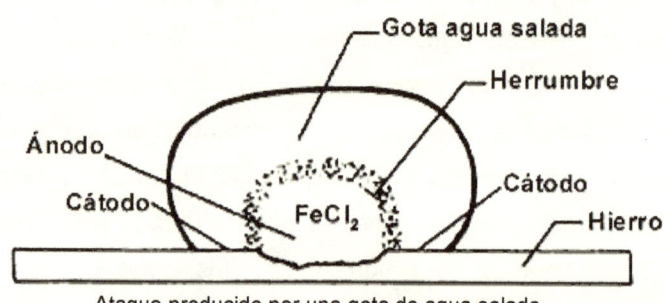

Ataque producido por una gota de agua salada

Ensuciamiento por contaminación

Se consideran en este rubro, como contaminantes, distintas grasas, aceites y algunos hidrocarburos, ya que este tipo de contaminación son las más frecuentes vistas en la industria.

Dependiendo de la cantidad y característica de los contaminantes existentes en el agua de aporte a caldera, la misma generará en su interior depósitos, formación de espuma con su consecuente arrastre de agua concentrada de caldera a la línea de vapor y condensado, siendo la misma causante de la formación de incrustaciones y depósitos en la sección post-caldera.

La formación de espuma, suele ocurrir por dos mecanismos, uno de ellos es el aumento del tenor de sólidos disueltos en el interior de la unidad, los que sobrepasan los límites aceptados de trabajo, la presencia de algunos tipos de grasas y/o aceites (como ácidos orgánicos) producen una saponificación de las mismas dada la alcalinidad, temperatura y presión existentes en el interior de la caldera. La contaminación por hidrocarburos agrega a lo visto la formación de un film aislante dificultando la transferencia térmica entre los tubos y el agua del interior de la unidad, agravándose esto con las características adherentes de este film que facilita y promueve la formación de incrustaciones y la formación de corrosión bajo depósito, proceso que generalmente sigue al de formación de depósitos sobre las partes metálicas de una caldera. Luego de un tiempo, las características físicas del film formado cambian debido a la acción de la temperatura que reciben a través de las paredes metálicas del sistema, lo que hace que el mismo sufra un endurecimiento y "coquificación", siendo este difícil de remover por procedimientos químicos simples. Por todas estas consideraciones, se ve como método más económico y lógico de mantenimiento de calderas, efectuar sobre el agua de aporte a las mismas los procedimientos preventivos que la misma requiera, evitando así costos de mantenimiento innecesarios y paradas imprevistas en plena etapa de producción con los costos de lucro cesantes que agravan la misma.

Sin pretender que el presente trabajo sea una enumeración exhaustiva y completa de todos los posibles inconvenientes que puedan ocasionar el agua de alimentación a caldera, consideramos que el mismo facilita el entendimiento de las principales causas de los más importantes inconvenientes que puedan ocurrir en las salas de calderas en la industria.

Desde un punto de vista práctico, es interesante conocer *a priori* la resistencia a la corrosión de un determinado metal o aleación en un medio ambiente específico. Sobre la base de ensayos en el laboratorio, se pueden llegar a establecer las condiciones ambientales más fielmente parecidas a la realidad y, por tanto, estudiar el comportamiento de un metal o varios metales en este medio. La realización de estos ensayos en el laboratorio puede ser fácil o extraordinariamente difícil, según la naturaleza del medio estudiado. Dos casos extremos nos podrán servir de ejemplo para ilustrar lo anterior. Si se necesita evaluar el comportamiento o la resistencia a la corrosión de un acero respecto a un ácido mineral, por ejemplo, clorhídrico, bastará con preparar soluciones de diferente concentración de este ácido y sumergir en cada una de ellas, una muestra del acero que se piensa ensayar. La resistencia a la corrosión de tal acero se puede evaluar, por ejemplo, por la pérdida de peso experimentada antes y después del ensayo. Obtendremos para cada solución ensayada un valor de la velocidad de corrosión que nos permitirá prever el comportamiento de este acero en unas condiciones muy cercanas a las de su utilización. La realización de estos ensayos, en este caso, no representa excesivas dificultades.

Pensemos ahora que estamos interesados en prever la corrosión de un acero que se va a emplear para la construcción del casco de un barco. Aquí, dada la naturaleza del medio es muy difícil, por no decir imposible, poder fijar en el laboratorio las condiciones ambientales en las que se va a encontrar el barco. Pensemos en la misma naturaleza del agua de mar, mezclas de sales, su diferente composición en cuanto a los mares que pueda surcar el barco, diferencia de temperaturas y un muy largo tiempo de navegación, etcétera. En este caso, los ensayos de laboratorio son tremendamente complicados y difíciles, no siendo casi nunca posible fijar las condiciones experimentales en el laboratorio, siquiera de una manera aproximada a la realidad. Son tan numerosos y complejos los factores de la corrosión que intervienen en los medios naturales que es prácticamente imposible reproducirlos en el laboratorio. De una manera muy general y en función del objetivo perseguido (selección de materiales, estudios de la resistencia a la corrosión o bien del mecanismo de la corrosión, etc.) los ensayos de corrosión se pueden englobar en dos grandes categorías:

a) *Ensayos acelerados realizados en el laboratorio;*

b) *Ensayos de larga duración efectuados en los medios naturales.*

Métodos de evaluación de la velocidad de corrosión
El método utilizado tradicionalmente y que se viene creando hasta la fecha, es el de medida de la pérdida de peso. Como su nombre indica, este método consiste en determinar la pérdida de peso que ha experimentado un determinado metal o aleación en contacto con un medio corrosivo.

Las unidades más frecuentemente utilizadas para expresar esa pérdida de peso son: miligramos decímetro cuadrado día (mdd), milímetros por año (mm/año), pulgadas por año o milipulgadas por año (mpy, abreviatura en inglés). Así por ejemplo, si para una determinada aplicación podemos evaluar, mediante una serie de ensayos previos, la pérdida de peso de dos aceros en el mismo medio agresivo, podemos tener una idea de qué material se podrá emplear con mayores garantías, desde un punto de vista de resistencia a la corrosión, sin tener en cuenta otros muchos requerimientos y propiedades que para nuestro ejemplo, vamos a suponer iguales.

Supongamos que el resultado de los ensayos efectuados sea el siguiente:

Pérdida de peso
 Acero 1..4.1 mm/año
 Acero 2... 2.3 mm/año

Evidente, la selección en este caso favorecerá al acero con las unidades anteriormente citadas constituyen las de mayor utilización en Ingeniería de la Corrosión.

Medida de la variación de las propiedades mecánicas

Hemos visto en el primer capítulo que existen diferentes formas de corrosión. La medida de la velocidad de corrosión por el método de la medida de la pérdida de peso supone el caso de la corrosión generalizada o uniforme, que es la que sufre el acero con más frecuencia.

La corrosión localizada supone muy a menudo una pérdida mínima de material, pero en cambio puede alterar drásticamente sus propiedades mecánicas. Por tanto, un control de esas propiedades mecánicas puede poner de manifiesto este tipo de ataque. Por ejemplo, un ensayo de tracción permitirá determinar la resistencia del metal atacado en comparación con una probeta del mismo material que no haya sido sometida a las condiciones del medio agresivo. Diferentes formas de corrosión, entre ellas la corrosión fisurante que no son fáciles de detectar y que se ve como responsable de la rotura del tambor de las lavadoras automáticas, se detectan y en su caso se controlan, mediante los ensayos y sus variaciones correspondientes en las propiedades mecánicas. La aplicación masiva de los aceros inoxidables ha traído consigo la aparición de nuevas formas de corrosión, a las que son especialmente susceptibles éstos. Por ejemplo, los aceros inoxidables austeníticos pueden sufrir la llamada corrosión intergranular, debida a una precipitación de carburos de cromo en los bordes de grano, como consecuencia de un tratamiento térmico inadecuado. La localización de este tipo de corrosión puede realizarse mediante un examen metalográfico con un microscopio clásico de luz reflejada que permite visualizar la estructura superficial del metal, haciendo presente cualquier tipo de ataque, sea intergranular, como en el caso citado, o bien transgranular. El desarrollo de los microscopios electrónicos de barrido permite actualmente lograr una excelente identificación de las formas de corrosión localizada que ocurren en los diferentes metales y aleaciones. La presencia, en muchos microscopios electrónicos de barrido, de un analizador de rayos X, permite además, un análisis puntual y con ello determinar la naturaleza de los constituyentes afectados por el proceso de corrosión, así como estudiar la influencia de ciertas adiciones y el efecto de diversos tratamientos térmicos, capaces de modificar la estructura del metal o aleación empleado. La demostrada naturaleza electroquímica de los procesos de corrosión, especialmente de los que tienen lugar a la temperatura ambiente (corrosión atmosférica) o a temperaturas inferiores a los 100ºC (frecuente en la mayoría de procesos industriales) ha permitido la aplicación de los métodos electroquímicos modernos, al estudio de la corrosión de los metales y en consecuencia, a la medición de la velocidad de corrosión. Todas las técnicas electroquímicas modernas están basadas prácticamente en el desarrollo de un aparato que se conoce con el nombre de potenciostato. El potenciostato es un instrumento electrónico que permite imponer a una muestra metálica colocada en un medio líquido y conductor, un potencial constante o variable, positivo o negativo, con respecto a un electrodo de referencia. Este electrodo de referencia no forma parte del circuito de electrólisis y, por el mismo, no circula corriente alguna. Su presencia se debe exclusivamente a que sirve de referencia para poner a prueba en todo momento el potencial de la probeta metálica que se está ensayando.

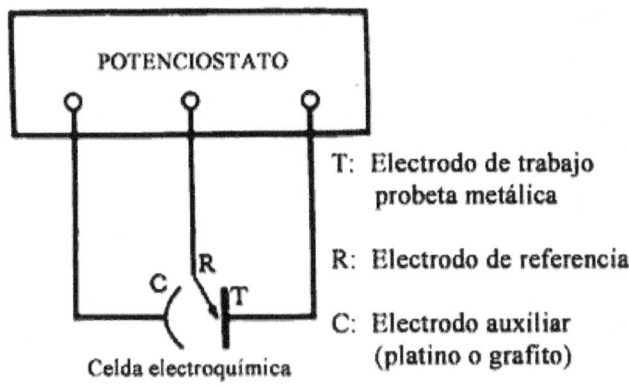

Potenciostato.

Para cerrar el circuito de electrólisis se utiliza un tercer electrodo, por lo general de un material inatacable por el medio en que se realiza la experiencia (platino o grafito, por ejemplo).

De una manera sencilla podemos entender el funcionamiento del potenciostato. Tomemos al hierro como metal de prueba.

Si una solución (por ejemplo, un ácido mineral) es muy agresiva con el hierro, el ataque del metal producirá un paso importante de electrones, en forma de iones de hierro cargados positivamente, a la solución. Esta producción de electrones es la responsable del alto potencial negativo de disolución del hierro en un medio agresivo. Se puede entender fácilmente que con la ayuda de una fuente externa de corriente, será posible tanto acelerar como frenar esta emisión de electrones y, por consiguiente, aumentar o detener la corrosión del hierro por modificación de su potencial.

Si a partir del valor del potencial de corrosión, y mediante la fuente externa de potencial, aumentamos éste en la dirección positiva (anódica), se puede llegar a obtener el llamado diagrama o curva de polarización potenciostática, la cual es de mucha utilidad para prever y predecir el comportamiento de materiales metálicos en unas condiciones dadas. En la figura se presenta el diagrama que se obtiene para el caso de un acero en una solución de ácido sulfúrico, H_2SO_4.

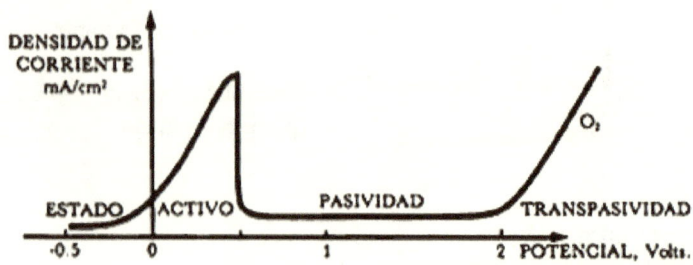

Tipos de corrosión

Introducción

Se pretende con ello enfocar varios puntos de vistas sobre un tema que es suma importancia dentro de la carrera de mantenimiento, en vista de los efectos indeseables que la corrosión deja en equipos, maquinarias y estructuras.

Se plantearán las posibles soluciones a este fenómeno natural de los materiales como lo son entre otros y muy principalmente la protección catódica, en sus diferentes versiones.

El trabajo consta de un desarrollo el cual como fue indicado ha sido redactado mediante la investigación en textos.

Definiciones

Se entiende por corrosión la interacción de un metal con el medio que lo rodea, produciendo el consiguiente deterioro en sus propiedades tanto físicas como químicas. Las características fundamental de este fenómeno, es que sólo ocurre en presencia de un electrolito, ocasionando regiones plenamente identificadas, llamadas estas anódicas y catódicas: una reacción de oxidación es una reacción anódica, en la cual los electrones son liberados dirigiéndose a otras regiones catódicas. En la región anódica se producirá la disolución del metal (corrosión) y, consecuentemente en la región catódica la inmunidad del metal.

Los enlaces metálicos tienden a convertirse en enlaces iónicos, los favorece que el material puede en cierto momento transferir y recibir electrones, creando zonas catódicas y zonas anódicas en su estructura. La velocidad a que un material se corroe es lenta y continua todo dependiendo del ambiente donde se encuentre, a medida que pasa el tiempo se va creando una capa fina de material en la superficie, que van formándose inicialmente como manchas hasta que llegan a aparecer imperfecciones en la superficie del metal. Este mecanismo que es analizado desde un punto de vista termodinámico electroquímico, indica que el metal tiende a retornar al estado primitivo o de mínima energía, siendo la corrosión por lo tanto la causante de grandes perjuicios económicos en instalaciones enterradas. Por esta razón, es necesaria la oportuna utilización de la técnica de protección catódica. Se designa químicamente corrosión por suelos, a los procesos de degradación que son observados en estructuras enterradas. La intensidad dependerá de varios factores tales como el contenido de humedad, composición química, pH del suelo, etc. En la práctica suele utilizarse comúnmente el valor de la resistividad eléctrica del suelo como índice de su agresividad;

por ejemplo un terreno muy agresivo, caracterizado por presencia de iones tales como cloruros, y tendrán resistividades bajas, por la alta facilidad de transportación iónica. La protección catódica es un método electroquímico cada vez más utilizado hoy en día, el cual aprovecha el mismo principio electroquímico de la corrosión, transportando un gran cátodo a una estructura metálica, ya sea que se encuentre enterrada o sumergida. Para este fin será necesario la utilización de fuentes de energía externa mediante el empleo de ánodos galvánicos, que difunden la corriente suministrada por un transformador-rectificador de corriente.

El mecanismo, consecuentemente implicará una migración de electrones hacia el metal a proteger, los mismos que viajarán desde ánodos externos que estarán ubicados en sitios plenamente identificados, cumpliendo así su función

A está protección se debe agregar la ofrecida por los revestimientos, como por ejemplo las pinturas, casi la totalidad de los revestimientos utilizados en instalaciones enterradas, aéreas o sumergidas, son pinturas industriales de origen orgánico, pues el diseño mediante ánodo galvánico requiere del cálculo de algunos parámetros, que son importantes para proteger estos materiales, como son: la corriente eléctrica de protección necesaria, la resistividad eléctrica del medio electrolito, la densidad de corriente, el número de ánodos y la resistencia eléctrica que finalmente ejercen influencia en los resultados.

Tipos de Corrosión

Se clasifican de acuerdo a la apariencia del metal corroído, dentro de las más comunes están:

1. Corrosión uniforme: Donde la corrosión química o electroquímica actúa uniformemente sobre toda la superficie del metal
2. Corrosión galvánica: Ocurre cuando metales diferentes se encuentran en contacto, ambos metales poseen potenciales eléctricos diferentes lo cual favorece la aparición de un metal como ánodo y otro como cátodo, a mayor diferencia de potencial el material con más activo será el ánodo.
3. Corrosión por picaduras: Aquí se producen hoyos o agujeros por agentes químicos.
4. Corrosión intergranular: Es la que se encuentra localizada en los límites de grano, esto origina pérdidas en la resistencia que desintegran los bordes de los granos.
5. Corrosión por esfuerzo: Se refiere a las tensiones internas luego de una deformación en frío.

MEDIDAS DE PREVENCIÓN Y PROTECCIÓN

Protección contra la corrosión

Dentro de las medidas utilizadas industrialmente para combatir la corrosión están las siguientes:

1. Uso de materiales de gran pureza.
2. Presencia de elementos de adición en aleaciones, ejemplo aceros inoxidables.
3. Tratamientos térmicos especiales para homogeneizar soluciones sólidas, como el alivio de tensiones.
4. Inhibidores que se adicionan a soluciones corrosivas para disminuir sus efectos, ejemplo los anticongelantes usados en radiadores de los automóviles.
5. Recubrimiento superficial: pinturas, capas de óxido, recubrimientos metálicos
6. Protección catódica.

Protección catódica

La protección catódica es una técnica de control de la corrosión, que está siendo aplicada cada día con mayor éxito en el mundo entero, en que cada día se hacen necesarias nuevas instalaciones de ductos para transportar petróleo, productos terminados, agua; así como para tanques de almacenamientos, cables eléctricos y telefónicos enterrados y otras instalaciones importantes.

En la práctica se puede aplicar protección catódica en metales como acero, cobre, plomo, latón, y aluminio, contra la corrosión en todos los suelos y, en casi todos los medios acuosos. De igual manera, se puede eliminar el agrietamiento por corrosión bajo tensiones por corrosión, corrosión intergranular, picaduras o tanques generalizados.

Como condición fundamental las estructuras componentes del objeto a proteger y del elemento de sacrificio o ayuda, deben mantenerse en contacto eléctrico e inmerso en un electrolito.

Aproximadamente la protección catódica presenta sus primeros avances, en el año 1824, en que Sir. Humphrey Davy, recomienda la protección del cobre de las embarcaciones, uniéndolo con hierro o zinc; habiéndose obtenido una apreciable reducción del ataque al cobre, a pesar de que se presentó el problema de ensuciamiento por la proliferación de organismos marinos, habiéndose rechazado el sistema por problemas de navegación.

En 1850 y después de un largo período de estancamiento la marina Canadiense mediante un empleo adecuado de pinturas con antiorganismos y anticorrosivos demostró que era factible la protección catódica de embarcaciones con mucha economía en los costos y en el mantenimiento.

Fundamento de la protección catódica

Luego de analizadas algunas condiciones especialmente desde el punto de vista electroquímico dando como resultado la realidad física de la corrosión, después de estudiar la existencia y comportamiento de áreas específicas como Ánodo-Cátodo-Electrólito y el mecanismo mismo de movimiento de electrones y iones, llega a ser obvio que si cada fracción del metal expuesto de una tubería o una estructura construida de tal forma de coleccionar corriente, dicha estructura no se corroerá porque sería un cátodo.

La protección catódica realiza exactamente lo expuesto forzando la corriente de una fuente externa, sobre toda la superficie de la estructura.

Mientras que la cantidad de corriente que fluye, sea ajustada apropiadamente venciendo la corriente de corrosión y, descargándose desde todas las áreas anódicas, existirá un flujo neto de corriente sobre la superficie, llegando a ser toda la superficie un cátodo. Para que la corriente sea forzada sobre la estructura, es necesario que la diferencia de potencial del sistema aplicado sea mayor que la diferencia de potencial de las microceldas de corrosión originales. La protección catódica funciona gracias a la descarga de corriente desde una cama de ánodos hacia tierra y dichos materiales están sujetos a corrosión, por lo que es deseable que dichos materiales se desgasten (se corroan)a menores velocidades que los materiales que protegemos. Teóricamente, se establece que el mecanismo consiste en polarizar el cátodo, llevándolo mediante el empleo de una corriente externa, más allá del potencial de corrosión, hasta alcanzar por lo menos el potencial del ánodo en circuito abierto, adquiriendo ambos el mismo potencial eliminándose la corrosión del sitio, por lo que se considera que la protección catódica es una táctica de:

Polarización catódica

La protección catódica no elimina la corrosión, éste remueve la corrosión de la estructura a ser protegida y la concentra en un punto donde se descarga la corriente.

Para su funcionamiento práctico requiere de un electrodo auxiliar (ánodo), una fuente de corriente continua cuyo terminal positivo se conecta al electrodo auxiliar y el terminal negativo a la estructura a proteger, fluyendo la corriente desde el electrodo a través del electrolito llegando a la estructura.

Influyen en los detalles de diseño y construcción parámetro de geometría y tamaño de la estructura y de los ánodos, la resistividad del medio electrólito, la fuente de corriente, etc.

Consideraciones de diseño para la protección catódica en tuberías enterradas. La proyección de un sistema de protección catódica requiere de la investigación de características respecto a la estructura a proteger, y al medio.

Respecto a la estructura a proteger
1. Material de la estructura;
2. Especificaciones y propiedades del revestimiento protector (si existe);
3. Características de construcción y dimensiones geométricas;
4. Mapas, planos de localización, diseño y detalles de construcción;
5. Localización y características de otras estructuras metálicas, enterradas o sumergidas en las proximidades;
6. Información referente a los sistemas de protección catódica, los característicos sistemas de operación, aplicados en las estructuras aledañas;
7. Análisis de condiciones de operación de líneas de transmisión eléctrica en alta tensión, que se mantengan

en paralelo o se crucen con las estructuras enterradas y puedan causar inducción de la corriente;

8. Información sobre todas las fuentes de corriente continua, en las proximidades y pueden originar corrosión;

9. Sondeo de las fuentes de corriente alterna de baja y media tensión, que podrían alimentar rectificadores de corriente o condiciones mínimas para la utilización de fuentes alternas de energía.

Respecto al medio

Luego de disponer de la información anterior, el diseño será factible complementando la información con las mediciones de las características campo como:

1. Mediciones de la resistividad eléctrica a fin de evaluar las condiciones de corrosión a que estará sometida la estructura. Definir sobre el tipo de sistema a utilizar; galvánico o corriente impresa y, escoger los mejores lugares para la instalación de ánodos;

2. Mediciones del potencial Estructura-Electrolito, para evaluar las condiciones de corrosividad en la estructura, así mismo, detectar los problemas de corrosión electrolítica;

3. Determinación de los lugares para la instalación de ánodo bajo los siguientes principios:
    a. Lugares de baja resistividad.
    b. Distribución de la corriente sobre la estructura.
    c. Accesibilidad a los sitios para montaje e inspección

4. Pruebas para la determinación de corriente necesaria; mediante la inyección de corriente a la estructura bajo estudio con auxilio de una fuente de corriente continua y una cama de ánodos provisional. La intensidad requerida dividida para área, permitirá obtener la densidad requerida para el cálculo.

Sistemas de protección catódica

Ánodo galvánico
Se fundamenta en el mismo principio de la corrosión galvánica, en la que un metal más activo es anódico con respecto a otro más noble, corroyéndose el metal anódico.
En la protección catódica con ánodo galvánico, se utilizan metales fuertemente anódicos conectados a la tubería a proteger, dando origen al sacrificio de dichos metales por corrosión, descargando suficiente corriente, para la protección de la tubería.
La diferencia de potencial existente entre el metal anódico y la tubería a proteger, es de bajo valor porque este sistema se usa para pequeños requerimientos de corriente, pequeñas estructuras y en medio de baja resistividad.
Características de un ánodo de sacrificio
1. Debe tener un potencial de disolución lo suficientemente negativo, para polarizar la estructura de acero (metal que normalmente se protege) a -0.8 V. Sin embargo el potencial no debe de ser excesivamente negativo, ya que eso motivaría un gasto superior, con un innecesario paso

de corriente. El potencial práctico de disolución puede estar comprendido entre -0.95 a -1.7 V;

2. Corriente suficientemente elevada, por unidad de peso de material consumido;
3. Buen comportamiento de polarización anódica a través del tiempo;
4. Bajo costo.

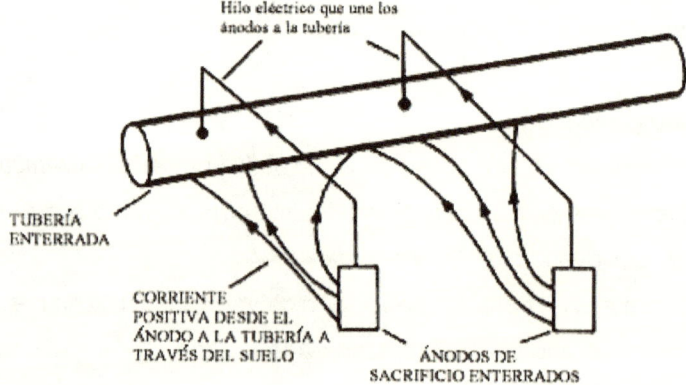

Tipos de ánodos

Considerando que el flujo de corriente se origina en la diferencia de potencial existente entre el metal a proteger y el ánodo, éste último deberá ocupar una posición más elevada en la tabla de potencias (serie electroquímica o serie galvánica).

Los ánodos galvánicos que con mayor frecuencia se utilizan en la protección catódica son: Magnesio, Zinc, Aluminio.

Magnesio: Los ánodos de Magnesio tienen un alto potencial con respecto al hierro y están libres de pasivación. Están diseñados para obtener el máximo rendimiento posible, en su función de protección catódica. Los ánodos de Magnesio son apropiados para oleoductos, pozos, tanques de almacenamiento de agua, incluso para cualquier estructura que requiera protección catódica temporal. Se utilizan en estructuras metálicas enterradas en suelo de baja resistividad hasta 3000 ohmio-cm.

Zinc: Para estructura metálica inmersas en agua de mar o en suelo con resistividad eléctrica de hasta 1000 ohm-cm.

Aluminio: Para estructuras inmersas en agua de mar.

Relleno Backfill

Para mejorar las condiciones de operación de los ánodos en sistemas enterrados, se utilizan algunos rellenos entre ellos el de Backfill especialmente con ánodos de Zinc y Magnesio, estos productos químicos rodean completamente el ánodo produciendo algunos beneficios como:

- Promover mayor eficiencia;
- Desgaste homogéneo del ánodo;
- Evita efectos negativos de los elementos del suelo sobre el ánodo;
- Absorben humedad del suelo manteniendo dicha humedad permanente.

La composición típica del Backfill para ánodos galvánicos está constituida por yeso ($CaSO_4$), bentonita, sulfato de sodio, y la resistividad de la mezcla varía entre 50 a 250 ohm-cm.

Diseño de instalación para ánodo galvánico

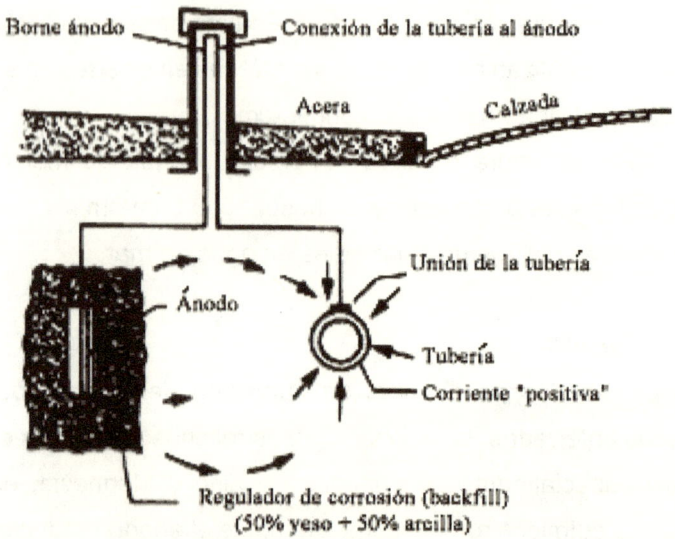

Características de los ánodos galvánicos

Ánodo	Eficiencia	Rendimiento am-hr/kg	Contenido de energía am-hr/kg	Potencial de trabajo(voltio)	Relleno
Zinc	95%	778	820	-1.10	50% yeso; 50% bentonita
Magnesio	95%	1102	2204	-1.45 a -1.70	75% yeso; 20% bentonita; 5% so4na2
Aluminio	95%	2817	2965	-1.10	

Corriente impresa

En este sistema se mantiene el mismo principio fundamental, pero tomando en cuenta las limitaciones del material, costo y diferencia de potencial con los ánodos de sacrificio, se ha ideado este sistema mediante el cual el flujo de corriente requerido, se origina en una fuente de corriente generadora continua regulable o, simplemente se hace uso de los rectificadores, que alimentados por corriente alterna ofrecen una corriente eléctrica continua apta para la protección de la estructura.

La corriente externa disponible es impresa en el circuito constituido por la estructura a proteger y la cama anódica. La dispersión de la corriente eléctrica en el electrolito se efectúa mediante la ayuda de ánodos inertes cuyas características y aplicación dependen del electrolito.

El terminal positivo de la fuente debe siempre estar conectado a la cama de ánodo, a fin de forzar la descarga de corriente de protección para la estructura.

Este tipo de sistema trae consigo el beneficio de que los materiales a usar en la cama de ánodos se consumen a velocidades menores, pudiendo descargar mayores cantidades de corriente y mantener una vida más amplia.

En virtud de que todo elemento metálico conectado o en contacto con el terminal positivo de la fuente e inmerso en el electrolito es un punto de drenaje de corriente forzada y por lo tanto de corrosión, es necesario el mayor cuidado en las instalaciones y la exigencia de la mejor calidad en los aislamientos de cables de interconexión.

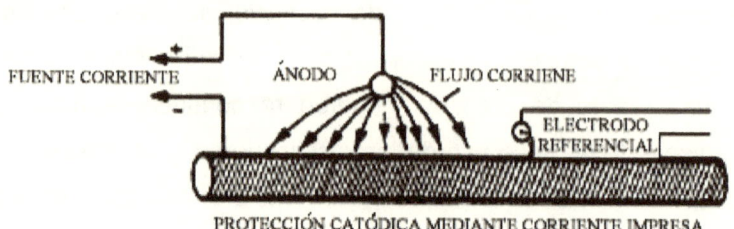
PROTECCIÓN CATÓDICA MEDIANTE CORRIENTE IMPRESA

Ánodos utilizados en la corriente impresa

Chatarra de hierro: Por su economía es a veces utilizado como electrodo dispersor de corriente. Este tipo de ánodo puede ser aconsejable su utilización en terrenos de resistividad elevada y es aconsejable se rodee de un relleno artificial constituido por carbón de coque. El consumo medio de estos lechos de dispersión de corriente es de 9 Kg/Am*Año

Ferrosilicio: Este ánodo es recomendable en terrenos de media y baja resistividad. Se coloca en el suelo hincado o tumbado rodeado de un relleno de carbón de coque. A intensidades de corriente baja de 1 Amp, su vida es prácticamente ilimitada, siendo su capacidad máxima de salida de corriente de unos 12 a 15 Amp por ánodo. Su consumo oscila a intensidades de corriente altas, entre o.5 a 0.9 Kg/Amp*Año. Su dimensión más normal es la correspondiente a 1500 mm de longitud y 75 mm de diámetro.

Grafito: Puede utilizarse principalmente en terrenos de resistividad media y se utiliza con relleno de grafito o carbón de coque. Es frágil, por lo que su transporte y embalaje debe ser de cuidado. Sus dimensiones son variables, su longitud oscila entre 1000-

2000 mm, y su diámetro entre 60-100 mm, son más ligeros de peso que los ferrosilicios. La salida máxima de corriente es de 3 a 4 amperios por ánodo, y su desgaste oscila entre 0.5 y 1 Kg/Am*Año

Titanio-Platinado: Este material está especialmente indicado para instalaciones de agua de mar, aunque sea perfectamente utilizado en agua dulce o incluso en suelo.

Su característica más relevante es que a pequeños voltajes (12 V), se pueden sacar intensidades de corriente elevada, siendo su desgaste perceptible.

En agua de mar tiene, sin embargo, limitaciones en la tensión a aplicar, que nunca puede pasar de 12 V, ya que ha tensiones más elevadas podrían ocasionar el despegue de la capa de óxido de titanio y, por lo tanto la deterioración del ánodo. En aguas dulces que no tengan cloruro pueden actuar estos ánodos a tensiones de 40-50 V.

Fuente de corriente

El rectificador

Es un mecanismo de transformación de corriente alterna a corriente continua, de bajo voltaje mediante la ayuda de diodos de rectificación, comúnmente de selenio o silicio y sistemas de adecuación regulable manual y/o automática, a fin de regular las características de la corriente, según las necesidades del sistema a proteger

Las condiciones que el diseñador debe estimar para escoger un rectificador son:

1. Características de la corriente alterna disponible en el área (voltios, ciclos, fases);
2. Requerimiento máximo de salida en C.D (Amperios y Voltios);
3. Sistemas de montaje: sobre el piso, empotrado en pared, en un poste;
4. Tipos de elementos de rectificación: selenio, silicio;
5. Máxima temperatura de operación;
6. Sistema de seguridad: alarma, breaker, etc;
7. Instrumentación: Voltímetros y Amperímetros, sistemas de regulación.

Otras fuentes de corrientes
Es posible que habiendo decidido utilizar el sistema de corriente impresa, no se disponga en la zona de líneas de distribución de corriente eléctrica, por lo que sería conveniente analizar la posibilidad de hacer uso de otras fuentes como:

- Baterías, de limitada aplicación por su bajo drenaje de corriente y vida limitada;
- Motores generadores;
- Generadores termoeléctricos;

Comparación de los sistemas
A continuación se detalla las ventajas y desventajas de los sistemas de protección catódica:

Ánodos galvánicos	Corriente impresa
No requieren potencia externa	Requiere potencia externa
Voltaje de aplicación fijo	Voltaje de aplicación variable
Amperaje limitado	Amperaje variable
Aplicable en casos de requerimiento de corriente pequeña, económico hasta 5 amperios	Útil en diseño de cualquier requerimiento de corriente sobre 5 amperios;
Útil en medios de baja resistividad	Aplicables en cualquier medio;
La interferencia con estructuras enterradas es prácticamente nula	Es necesario analizar la posibilidad de interferencia;
Sólo se los utiliza hasta un valor límite de resistividad eléctrica hasta 5000 ohm-cm	Sirve para áreas grandes
Mantenimiento simple	Mantenimiento no simple
	Resistividad eléctrica ilimitada
	Costo alto de instalación

Medias celdas de referencia

La fuerza electromotriz (FEM) de una media celda como constituye el sistema Estructura-Suelo o independientemente el sistema cama de Ánodos-Suelo, es posible medirla mediante la utilización de una media celda de referencia en contacto con el mismo electrolito. Las medias celdas más conocidas en el campo de la protección catódica son:

- HIDROGENO O CALOMELO($H+/H2$)
- ZINC PURO ($Zn/Zn++$)
- PLATA-CLORURO DE PLATA($Ag/AgCl$)

- **COBRE-SULFATO DE COBRE(Cu/SO4Cu)**

La media celda de Hidrógeno tiene aplicación práctica a nivel de laboratorio por lo exacto y delicado. También existen instrumentos para aplicación de campo, constituida por solución de mercurio, cloruro mercurioso, en contacto con una solución saturada de cloruro de potasio que mantiene contacto con el suelo. La media celda de Zinc puro para determinaciones en suelo, siendo condición necesaria para el uso un grado de pureza de 99.99%, es utilizado en agua bajo presiones que podrían causar problemas de contaminación en otras soluciones y también como electrodos fijos. La media celda Plata-Cloruro de plata de poco uso pese a ser muy estable, se utilizan especialmente en instalaciones marinas. Más comúnmente utilizados en los análisis de eficiencia de la protección catódica son las medias celdas de Cobre-Sulfato de cobre debido a su estabilidad y su facilidad de mantenimiento y reposición de solución. La protección del acero bajo protección catódica se estima haber alcanzado el nivel adecuado cuando las lecturas del potencial-estructura-suelo medidos con las diferentes celdas consiguen los siguientes valores:

ELECTRODO	LECTURA
Ag-AgCl	-0.800V
Cu-SO4Cu	-0.850V
Calomel	-0.77V
Zn puro	+0.25V

Criterios de protección

Cuando se aplica protección catódica a una estructura, es extremadamente importante saber si esta se encontrará realmente protegida contra la corrosión en toda su plenitud.

Varios criterios pueden ser adoptados para comprobar que la estructura en mención está exenta de riesgo de corrosión, basados en unos casos en función de la densidad de corriente de protección aplicada y otros en función de los potenciales de protección obtenidos. No obstante, el criterio más apto y universalmente aceptado es el de potencial mínimo que debe existir entre la estructura y terreno, medición que se realiza con un electrodo de referencia. El criterio de potencial mínimo se basa en los estudios realizados por el Profesor Michael Pourbaix, en 1939, quién estableció a través de un diagrama de potencial de electrodo Vs pH del medio, un potencial mínimo equivalente a -850 mv con relación al electrodo de referencia cobre-sulfato de cobre, observando una zona definida por la inmunidad del acero.

Los criterios de potencial mínimo de protección que se utilizará es de –850 mv respecto al Cu/SO_4Cu como mínimo y permitiendo recomendar así mismo, un máximo potencial de protección que pueda estar entre los 1200 mv a -1300 mv, sin permitir valores más negativos, puesto que se corre el riesgo de sobre protección, que afecta de sobre manera al recubrimiento de la pintura, ya que hay riesgos de reacción catódica de reducción de hidrógeno gaseoso que se manifiesta como un ampollamiento en la pintura.

Resistividad del suelo. Cuando se diseña protección catódica o simplemente cuando se estudia la influencia de la corrosión en un medio en el cual se instalará equipos o se tenderá una línea, es necesario investigar las características del medio, entre estas características, relacionada directamente con el fenómeno corrosivo se encuentra la resistividad del medio.

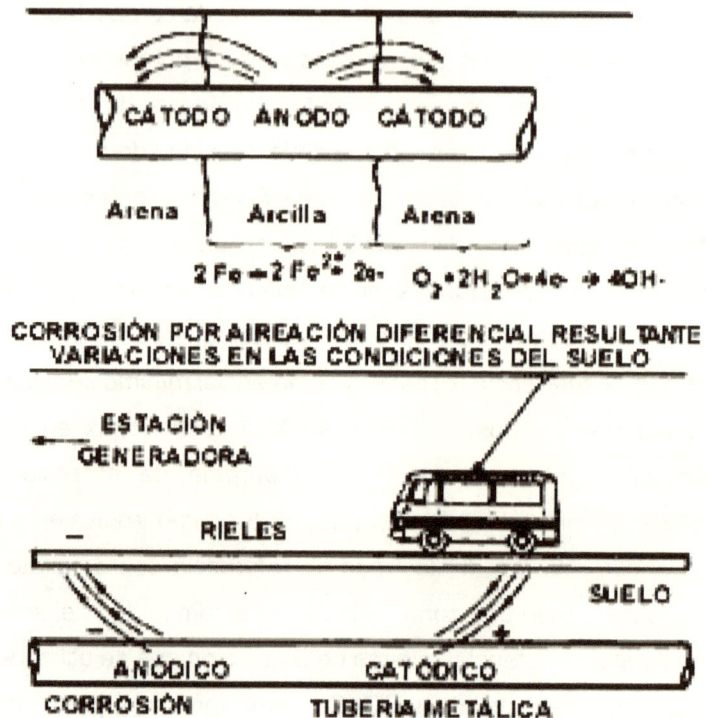

CORROSIÓN POR AIREACIÓN DIFERENCIAL RESULTANTE VARIACIONES EN LAS CONDICIONES DEL SUELO

La resistividad es la recíproca de la conductividad o capacidad del suelo para conducir corriente eléctrica. En la práctica se ejecutan medidas de resistencia de grandes masas de material y se calcula un valor promedio para el mismo. Las áreas de menor resistividad son las que tienden a crear zonas anódicas en la estructura, pero así mismo son las zonas más aptas para instalación de las camas de ánodos.

En la práctica se realiza esta medida empleando un voltímetro y un amperímetro o bien instrumentos especiales como el Vibro-Graund complementado mediante un equipo de cuatro picas o electrodo directamente en el campo y mediante el Soil Box en laboratorio. Cuando se ejecuta en el campo, el método consiste en introducir en el suelo 4 electrodos separados por espaciamientos iguales, los espaciamientos representan la profundidad hasta lo que se desea conocer la resistividad este espaciamiento se lo representa con (d).

Se calcula la resistividad aplicando la siguiente fórmula:

rs =2*3.1416*d*Resistencia.

Resistividad ohm-cm	Características
bajo 900	Muy corrosivo
900 a 2300	Corrosivo
2300 a 5000	Moderadamente corrosivo
5000 a 10000	Medio corrosivo
Sobre 10000	Menos corrosivo

El control de la corrosión debe realizarse, siempre que sea posible, desde la etapa misma del diseño del componente o de la planta.

Evitar dentro de las limitaciones del propio diseño la formación de huecos o cavidades en los cuales pueda quedar atrapada el agua, eliminar el contacto directo de metales disímiles (pares galvánicos), así como proporcionar un acceso fácil para un posterior y planificado mantenimiento por pintura durante el servicio, por ejemplo, constituyen alguna de las normas de buena práctica que ayudarán a un mejor control de la corrosión.

Tipos de materiales disponibles

Ya que la corrosión es un proceso electroquímico, un camino evidente para evitarla es el empleo de materiales químicamente resistentes. Plásticos, cerámicas, vidrios, gomas, asbesto y cemento entran dentro de esta categoría. El problema es que en muchos casos no tienen o no reúnen aquellas otras propiedades —diferentes a la resistencia a la corrosión— como para satisfacer los requerimientos de servicio. Los metales difieren mucho en cuanto a su resistencia a la corrosión. Por ejemplo, los metales nobles como el platino y el oro son inherentemente resistentes a muchos medios agresivos; el cromo y el titanio tienen una buena resistencia a la corrosión; el acero, el cinc y el magnesio se corroen fácilmente. La resistencia a la corrosión "intrínseca" de un metal depende de muchos factores, incluyendo su posición en la serie galvánica, así como la adherencia y compacidad de la película formada en su superficie en contacto con el aire o el medio de servicio. Con una película de óxido protectora, el material se comporta como un metal noble, en el supuesto de que exista suficiente oxígeno en el medio como para reparar los defectos en la película, a medida que se formen.

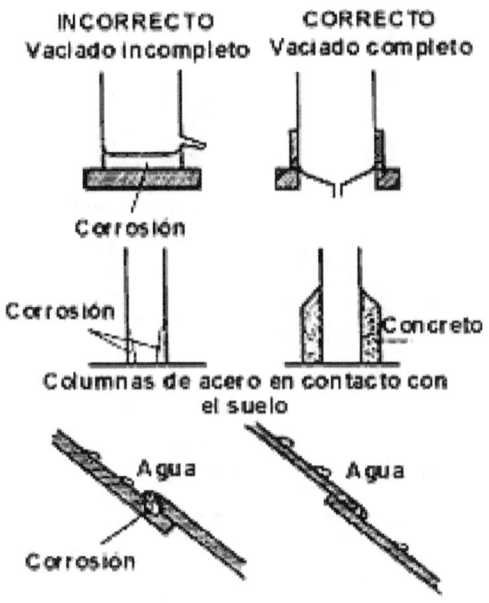

Diseños "geométricos" que pueden contribuir a evitar la corrosión

El objetivo en último término, consiste en seleccionar el material más económico compatible con las demandas y especificaciones de la aplicación en particular. Aparte de la resistencia a la corrosión, la selección obvia para muchas aplicaciones es un acero al carbono. El acero tiene una resistencia "intrínseca" a la corrosión pequeña, pero aleándolo se tiene el medio de combinar lo económico del acero con la intrínsecamente alta resistencia a la corrosión de metales relativamente costosos, como el cromo.

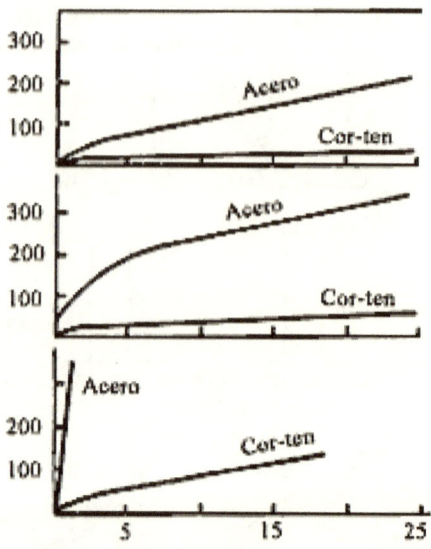

Efecto de pequeñas adiciones de aleantes en la resistencia del acero a la corrosión atmosférica. El acero Cor-ten (acero patinable) contiene 2-3% de aleantes, particularmente cobre, cromo, fósforo. Añadiendo cuanto menos un 0.2% de cobre a un acero al carbono se aumenta considerablemente su resistencia a la corrosión atmosférica, transformando la herrumbre en un producto más compacto y adherente.

El cromo, aluminio, titanio, silicio, tungsteno y molibdeno forman películas de óxidos protectores y sus aleaciones están similarmente protegidas. El níquel también forma aleaciones con una buena resistencia a la corrosión en medios ácidos, incluso cuando el contenido de oxígeno del medio es bajo.

Veamos algunos de los tipos más comunes de aleaciones resistentes a la corrosión utilizados en la práctica.

Aceros inoxidables

Existen tres tipos principales. Los aceros inoxidables martensítico y ferrítico contienen entre un 11 y un 18% de cromo. El acero inoxidable austenítico contiene aproximadamente entre un 16 a 27% de cromo y de un 8 a 22% de níquel. La resistencia más elevada a la corrosión se logra con el acero inoxidable austenítico. Los aceros inoxidables mejoran sus características de resistencia a la corrosión en medios oxidantes o de buena aireación, que aseguran el mantenimiento de su película protectora superficial, pero están sujetos a corrosión por picaduras, por hendiduras y corrosión bajo tensión en ciertos medios específicos, y son resistentes a la corrosión atmosférica, ácido nítrico, algunas concentraciones de ácido sulfúrico y muchos ácidos orgánicos.

Aleaciones de cobre

El cobre es resistente en agua de mar, agua corriente fría o caliente, ácidos deareados y no-oxidantes y al ataque atmosférico. Ciertos elementos aleantes mejoran sus propiedades físicas y mecánicas y también su resistencia a la corrosión. De aquí la utilización de los bronces de aluminio y de las aleaciones cobre-níquel para los tubos de los condensadores. Los bronces de aluminio también se emplean para la construcción de los cuerpos de las bombas y de las hélices de los barcos.

Aleaciones de aluminio

El aluminio ofrece una buena resistencia a la corrosión atmosférica y a muchos otros medios agresivos, como por ejemplo: ácido acético, ácido nítrico ácidos grasos, atmósferas sulfurosas, etc. Se fabrican aleaciones de aluminio con pequeñas adiciones de otros metales, principalmente con el objeto de mejorar sus propiedades mecánicas y físicas las aleaciones aluminio —magnesio y aluminio— manganeso son las que presentan una mayor resistencia a la corrosión, seguidas por las aleaciones de aluminio—magnesio—silicio y aluminio—silicio. En cambio las aleaciones de aluminio que contienen cobre son las que presentan menor resistencia a la corrosión.

Aleaciones de níquel

El níquel es resistente a los álcalis en frío y caliente, ácidos orgánicos y ácidos inorgánicos no oxidantes diluidos, así como a la atmósfera. La adición de cobre mejora su resistencia a la corrosión en los medios reductores y en el agua de mar.

El cromo aumenta su resistencia a la corrosión en los medios oxidantes. La presencia de molibdeno como aleante también aumenta la resistencia en condiciones reductoras. La adición de cobre y molibdeno mejora la resistencia a la corrosión tanto en medios reductores como oxidantes.

Aleaciones de titanio

El titanio y sus aleaciones tienen una gran resistencia a la corrosión en agua de mar y en atmósferas industriales, de tal manera que no necesitan protección. También se pueden utilizar con buenas garantías en las plantas químicas.

Conclusiones

Como conclusiones tenemos los siguientes puntos:

1. El proceso de corrosión debe ser visto como un hecho que pone en evidencia el proceso natural de que los metales vuelven a su condición primitiva y que ello conlleva al deterioro del mismo. No obstante es este proceso el que provoca la investigación y el planteamiento de fórmulas que permitan alargar la vida útil de los materiales sometidos a este proceso.
2. En la protección catódica entran en juego múltiples factores los cuales hay que tomar en cuenta al momento del diseño del sistema, inclusive es un acto de investigación conjunta con otras disciplinas más allá de la metalurgia, como la química y la electrónica.
3. En el trabajo se confirma que la lucha y control de la corrosión es un arte dentro del mantenimiento y que esta área es bastante amplia, dado el sinnúmero de condiciones a los cuales se encuentran sometidos los metales que forman equipos y herramientas.
4. Como última conclusión está el hecho de que hay que ahondar en estos conocimientos pues ellos formarán parte integral de la labor que debe desempeñar un responsable del Mantenimiento de las instalaciones de agua.

Cuadros descriptivos patología en las instalaciones de fontanería

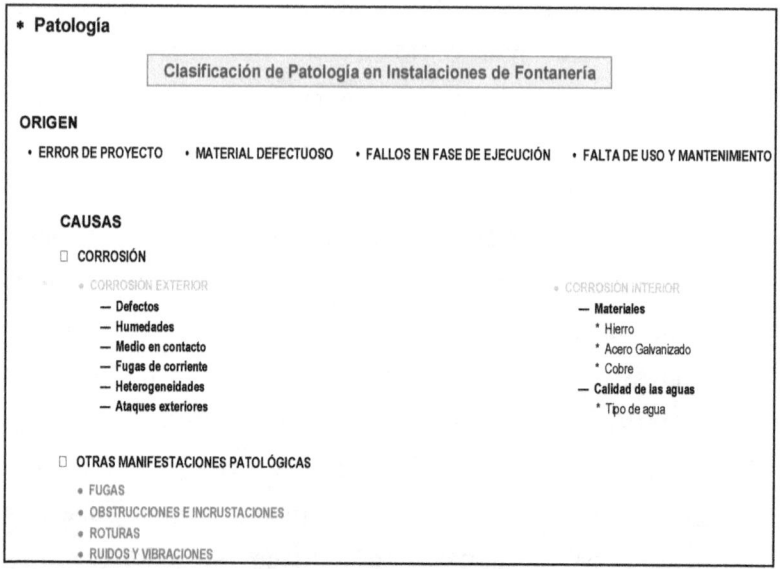

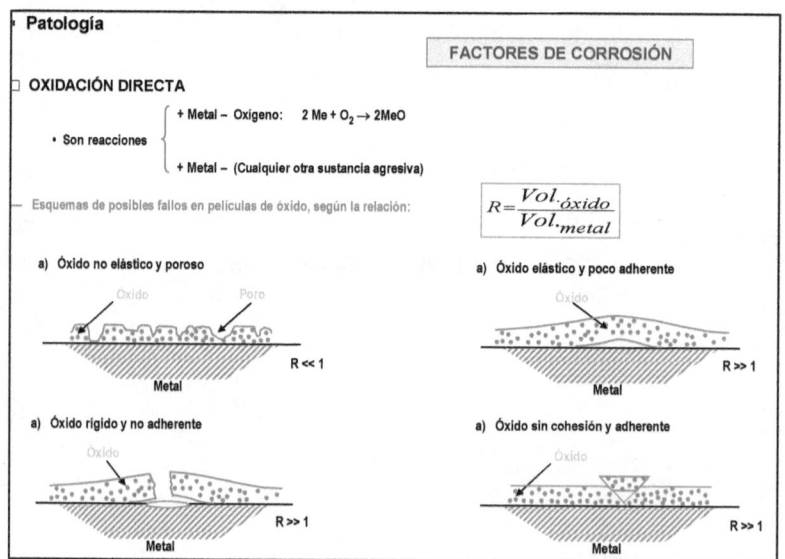

Patología

Escala de NERNST de los potenciales normales de equilibrio con relación al electrodo normal de hidrógeno, a 25 °C (Metal sumergido en una solución normal de una de sus sales)

SERIE ELECTROMOTRIZ			
METAL	REACCIONES EN EL ELECTRODO	POTENCIAL ELECTROQUÍMICO DE EQUILIBRIO E° EN VOLTS	CLASIFICACIÓN
POTASIO .... K	$K^{2+} + 2e^-$	$-2'9250$	
MAGNESIO .... Mg	$Mg^{2+} + 2e^-$	$-2'3400$	
ALUMINIO .... Al	$Al^{3+} + 3e^-$	$-1'6620$	
MANGANESO .... Mn	$Mn^{2+} + 2e^-$	$-1'0500$	
ZINC .... Zn	$Zn^{2+} + 2e^-$	$-0'7628$	No Nobles
CROMO .... Cr	$Cr^{3+} + 3e^-$	$-0'7106$	
HIERRO .... Fe	$Fe^{2+} + 2e^-$	$-0'4401$	
TITANIO .... Ti	$Ti^{2+} + 2e^-$	$-0'3300$	
NIQUEL .... Ni	$Ni^{2+} + 2e^-$	$-0'2500$	
ESTAÑO .... Sn	$Sn^{2+} + 2e^-$	$-0'1360$	
PLOMO .... Pb	$Pb^{2+} + 2e^-$	$-0'1260$	
HIDRÓGENO ...... H_2	$2H^+ + 2e^-$	$0'0000$	Por Convenio
COBRE .... Cu	$Cu^{2+} + 2e^-$	$+0'3457$	
COBRE .... Cu	$Cu^+ + e^-$	$+0'5220$	
PLATA .... Ag	$Ag^+ + e^-$	$+0'7991$	Nobles
PLATINO .... Pt	$Pt^{2+} + 2e^-$	$+1'2000$	
ORO .... Au	$Au^{3+} + 3e^-$	$+1'4210$	
ORO .... Au	$Au^+ + e^-$	$+1'6800$	

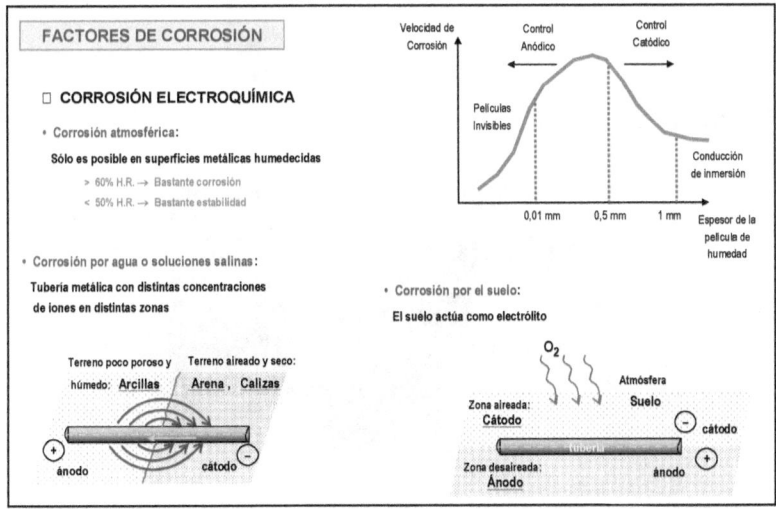

FACTORES DE CORROSIÓN

☐ **CORROSIÓN ELECTROQUÍMICA**

* Corrosión atmosférica:

Sólo es posible en superficies metálicas humedecidas

> 60% H.R. → Bastante corrosión
< 50% H.R. → Bastante estabilidad

* Corrosión por agua o soluciones salinas:

Tubería metálica con distintas concentraciones de iones en distintas zonas

Terreno poco poroso y húmedo: Arcillas
Terreno aireado y seco: Arena, Calizas

(+) ánodo   cátodo (−)

* Corrosión por el suelo:

El suelo actúa como electrólito

Zona aireada: Cátodo
Zona desaireada: Ánodo

Atmósfera
Suelo
(−) cátodo   ánodo (+)

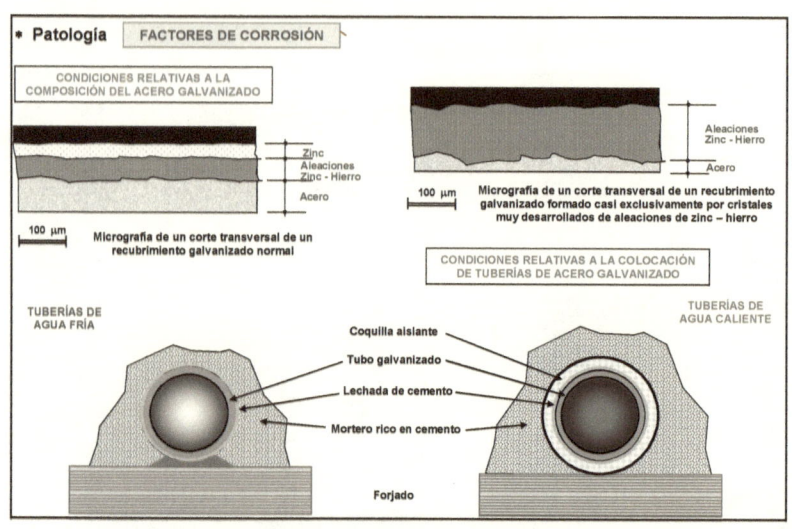

Corrosión e Incrustaciones

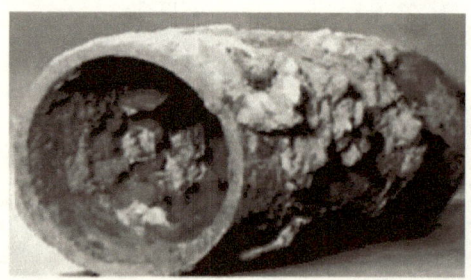

Corte y vista interna de tubos corroídos

Incrustaciones calcáreas y de sarro y agua dura

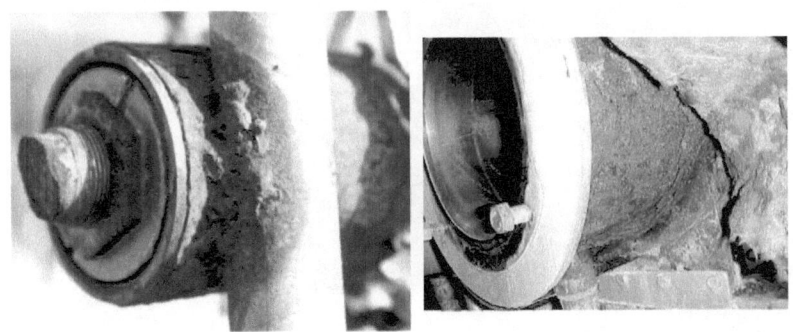

Corrosión en tuberías

Agua oxidada y Corrosión en instalaciones

AUTOEVALUACIÓN

Corrosiones e incrustaciones. Tipos de corrosión, medidas de prevención y protección.

---

1. ¿De qué elementos diversos se encuentra el agua en la naturaleza?
    a) Vidrio y madera
    b) Sólidos y líquidos
    c) Sales y gases
    d) Condimentos y nitrógeno
    e) Peces y algas

2. ¿Según qué elemento se puede clasificar los tipos de agua?
    a) Según las especies que la habitan
    b) Según la composición de sales minerales
    c) Según la descomposición de la misma
    d) Según la temperatura ambiente
    e) Según la utilización que se le dé

3. Cuál o cuáles de las siguientes no corresponde a un tipo de agua:
    a) Aguas duras
    b) Aguas saladas
    c) Aguas blandas
    d) Aguas alcalinas
    e) Aguas neutras

4. Qué tipo de agua define el siguiente enunciado: Importante presencia de compuestos de calcio y magnesio, poco solubles, principales responsables de la formación de depósitos e incrustaciones:
    a) Aguas duras
    b) Aguas saladas
    c) Aguas blandas
    d) Aguas alcalinas
    e) Aguas neutras

5. Qué elemento fundamental debe existir en las instalaciones para que se produzca la corrosión:
- a) Ácido sulfúrico
- b) Lejía
- c) Aceite
- d) Agua
- e) Ninguna es correcta

6. ¿Quiénes generan las incrustaciones en las instalaciones de agua?
- a) El azúcar
- b) El ácido
- c) La sal
- d) Todas son correctas
- e) Ninguna es correcta

7. Otras causantes de las incrustaciones pueden ser:
- a) Las partículas de polvo
- b) Los contaminantes
- c) Las lluvias
- d) Todas son correctas
- e) Ninguna es correcta

8. Desde un punto de vista práctico, es interesante conocer *a priori* la resistencia a la corrosión de un determinado metal o aleación en un medio ambiente específico. Sobre la base de:
- a) Toma de vista de las instalaciones
- b) Aumentar la presión de las instalaciones
- c) Ensayos en el laboratorio
- d) Ninguna es correcta
- e) Todas son correctas

9. En los métodos de evaluación de la velocidad de corrosión, cuál es el más utilizado actualmente:
- a) Medir el largo del material corroído
- b) Medir la sección en m2 del material corroído
- c) Medir el peso del material corroído
- d) Medir el espesor del material corroído
- e) Todas son correctas

10. ¿Cuál es la corrosión difícil de detectar?
    a) La corrosión fantasma
    b) La corrosión Invisible
    c) La corrosión evasiva
    d) La corrosión fugitiva
    e) La corrosión fisurante

11. La localización de la corrosión intergranular puede realizarse mediante un examen:
    a) Grafológico
    b) Patológico
    c) Metalográfico
    d) Topográfico
    e) Mimiográfico

12. Todas las técnicas electroquímicas modernas estudio de la corrosión de los metales y en consecuencia, a la medición de la velocidad de corrosión, están basadas prácticamente en el desarrollo de un aparato que se conoce con el nombre de:
    a) Potenciómetro
    b) Galvanómetro
    c) Micrómetro
    d) Potenciostato
    e) Polímetro

13. Qué define el siguiente enunciado: Es la interacción de un metal con el medio que lo rodea, produciendo el consiguiente deterioro en sus propiedades tanto físicas como químicas:
    a) Corrupción
    b) Descomposición
    c) Patología
    d) Corrosión
    e) Contusión

14. Las características fundamental de este fenómeno (corrosión), es que sólo ocurre en presencia de un electrolito, ocasionando regiones plenamente identificadas, llamadas estas:
    a) Positivas y negativas

b) Anódicas y catódicas
c) Reversas e inversas
d) Metódicas y simbólicas
e) Prosódicas y atónitas

15. **Cuál es el método electroquímico para protección, cada vez más usado actualmente:**
    a) La protección catódica
    b) La protección voltaica
    c) La protección retórica
    d) La protección cónica
    e) Ninguna es correcta

16. **¿Cuántos son los tipos de corrosión más comunes?**
    a) Uno
    b) Tres
    c) Cinco
    d) Siete
    e) Nueve

17. **A qué tipo de corrosión se refiere el enunciado: Donde la corrosión química o electroquímica actúa uniformemente sobre toda la superficie del metal:**
    a) Corrosión por picaduras
    b) Corrosión uniforme
    c) Corrosión intragranular
    d) Todas son correctas
    e) Ninguna es correcta

18. **Cuál de las siguientes definiciones corresponde al tipo de corrosión: *Corrosión por esfuerzo*:**
    a) Se refiere a las fusiones internas luego de una deformación en frío
    b) Se refiere a las tensiones externas luego de una deformación en frío
    c) Se refiere a las tensiones internas luego de una deformación en calor
    d) Se refiere a las tensiones internas luego de una deformación en frío
    e) Se refiere a las tensiones internas antes de una deformación en frío

19. ¿Cuál de las siguientes no corresponde a medidas de prevención?
   a) Inhibidores que se adicionan a soluciones corrosivas para disminuir sus efectos, ejemplo los anticongelantes usados en radiadores de los automóviles.
   b) Recubrimiento superficial: pinturas, capas de óxido, recubrimientos metálicos
   c) Presencia de elementos de adición en aleaciones, ejemplo aceros inoxidables
   d) Protección calórica
   e) Uso de materiales de gran pureza

20. ¿Qué descarga la protección catódica?
   a) Ácido
   b) Pintura
   c) Corriente
   d) Limpiatuberías
   e) Ninguna es correcta

21. ¿Cuáles son los tipos de ánodos que mayormente se utilizan en la protección catódica?
   a) Magnesio
   b) Zinc
   c) Aluminio
   d) Todas son correctas
   e) Ninguna es correcta

22. ¿Cuáles son los ánodos utilizados en la corriente impresa?
   a) Chatarra de hierro
   b) Grafito
   c) Magnesio
   d) Titanio-platinado
   e) a, b y d son correctas

23. Cuál o cuáles de los siguientes son materiales resistentes a la corrosión:
   a) Oro
   b) tungsteno
   c) Silicio

d) Todas son correctas
e) Ninguna es correcta

24. Cuál o cuáles de los siguientes son materiales propensos a la corrosión:
    a) Aluminio
    b) Molibdeno
    c) Titanio
    d) Cromo
    e) Ninguna

25. ¿Cuántos tipos de acero inoxidable existen?
    a) Uno
    b) Tres
    c) Cinco
    d) Siete
    e) Nueve

SOLUCIONARIO

1. ¿De qué elementos diversos se encuentra el agua en la naturaleza?
    c) Sales y gases

El agua se encuentra en la naturaleza y va acompañada de diversas sales y gases en disolución.

2. ¿Según qué elemento se puede clasificar los tipos de agua?
    b) Según la composición de sales minerales

Las aguas pueden considerarse según la composición de sales minerales presentes en:
Aguas Duras
Aguas Blandas
Aguas Neutras
Aguas Alcalinas

3. Cuál o cuáles de las siguientes no corresponde a un tipo de agua:
    b) Aguas saladas

Las aguas pueden considerarse según la composición de sales minerales presentes en:
Aguas Duras
Aguas Blandas
Aguas Neutras
Aguas Alcalinas

4. Qué tipo de agua define el siguiente enunciado: Importante presencia de compuestos de calcio y magnesio, poco solubles, principales responsables de la formación de depósitos e incrustaciones:
    a) Aguas duras

Aguas Duras
Importante presencia de compuestos de calcio y magnesio, poco solubles, principales responsables de la formación de depósitos e incrustaciones.

5. Qué elemento fundamental debe existir en las instalaciones para que se produzca la corrosión:
   d) Agua

Corrosión
Para que esta aparezca, es necesario que exista presencia de agua en forma líquida

6. ¿Quiénes generan las incrustaciones en las instalaciones de agua?
   c) La sal

Incrustación
La formación de incrustaciones en el interior de las tuberías de calderas suelen verse con mayor frecuencia que lo estimado conveniente.
El origen de las mismas está dado por las sales presentes en las aguas de aporte a los generadores de vapor, las incrustaciones formadas son inconvenientes debido a que poseen una conductividad térmica muy baja y se forman con mucha rapidez en los puntos de mayor transferencia de temperatura.

7. Otras causantes de las incrustaciones pueden ser:
   b) Los contaminantes

Dependiendo de la cantidad y característica de los contaminantes existentes en el agua de aporte a caldera, la misma generará en su interior depósitos, formación de espuma con su consecuente arrastre de agua concentrada de caldera a la línea de vapor y condensado, siendo la misma causante de la formación de incrustaciones y depósitos en la sección post-caldera.

8. Desde un punto de vista práctico, es interesante conocer *a priori* la resistencia a la corrosión de un determinado metal o aleación en un medio ambiente específico. Sobre la base de:
   c) Ensayos en el laboratorio

Desde un punto de vista práctico, es interesante conocer a priori la resistencia a la corrosión de un determinado metal o aleación en un medio ambiente específico. Sobre la base de ensayos en el laboratorio, se pueden llegar a establecer las condiciones ambientales más fielmente parecidas a la realidad y, por tanto, estudiar el comportamiento de un metal o varios metales en este medio.

9. En los métodos de evaluación de la velocidad de corrosión, cuál es el más utilizado actualmente:
   c) Medir el peso del material corroído

El método utilizado tradicionalmente y que se viene creando hasta la fecha, es el de medida de la pérdida de peso. Como su nombre indica, este método consiste en determinar la pérdida de peso que ha experimentado un determinado metal o aleación en contacto con un medio corrosivo.

10. ¿Cuál es la corrosión difícil de detectar?
   e) La corrosión fisurante

Diferentes formas de corrosión, entre ellas la corrosión fisurante que no son fáciles de detectar y que se ve como responsable de la rotura del tambor de las lavadoras automáticas, se detectan y en su caso se controlan, mediante los ensayos y sus variaciones correspondientes en las propiedades mecánicas.

11. La localización de la corrosión intergranular puede realizarse mediante un examen:
   c) Metalográfico

La localización de este tipo de corrosión puede realizarse mediante un examen metalográfico con un microscopio clásico de luz reflejada que permite visualizar la estructura superficial del metal, haciendo presente cualquier tipo de ataque, sea intergranular, como en el caso citado, o bien transgranular.

12. Todas las técnicas electroquímicas modernas estudio de la corrosión de los metales y en consecuencia, a la medición de la velocidad de corrosión, están basadas prácticamente en el desarrollo de un aparato que se conoce con el nombre de:
   d) Potenciostato

Todas las técnicas electroquímicas modernas están basadas prácticamente en el desarrollo de un aparato que se conoce con el nombre de potenciostato. El potenciostato es un instrumento electrónico que permite imponer a una muestra metálica colocada en un medio líquido y conductor, un potencial constante o variable, positivo o negativo, con respecto a un electrodo de referencia.

13. Qué define el siguiente enunciado: Es la interacción de un metal con el medio que lo rodea, produciendo el consiguiente deterioro en sus propiedades tanto físicas como químicas:
   d) Corrosión

Definiciones
Se entiende por corrosión la interacción de un metal con el medio que lo rodea, produciendo el consiguiente deterioro en sus propiedades tanto físicas como químicas.

14. Las características fundamental de este fenómeno (corrosión), es que sólo ocurre en presencia de un electrolito, ocasionando regiones plenamente identificadas, llamadas estas:
   b) Anódicas y catódicas

Las características fundamental de este fenómeno, es que sólo ocurre en presencia de un electrolito, ocasionando regiones plenamente identificadas, llamadas estas anódicas y catódicas: una reacción de oxidación es una reacción anódica, en la cual los electrones son liberados dirigiéndose a otras regiones catódicas.

15. Cuál es el método electroquímico para protección, cada vez más usado actualmente:
   a) La protección catódica

La protección catódica es un método electroquímico cada vez más utilizado hoy en día, el cual aprovecha el mismo principio electroquímico de la corrosión, transportando un gran cátodo a una estructura metálica, ya sea que se encuentre enterrada o sumergida.

16. ¿Cuántos son los tipos de corrosión más comunes?
   f) Cinco

Tipos de Corrosión
Se clasifican de acuerdo a la apariencia del metal corroído, dentro de las más comunes están:
   6. ***Corrosión uniforme****: Donde la corrosión química o electroquímica actúa uniformemente sobre toda la superficie del metal*
   7. ***Corrosión galvánica****: Ocurre cuando metales diferentes se encuentran en contacto, ambos metales poseen potenciales eléctricos diferentes lo cual favorece la*

aparición de un metal como ánodo y otro como cátodo, a mayor diferencia de potencial el material con más activo será el ánodo.
8. **Corrosión por picaduras**: Aquí se producen hoyos o agujeros por agentes químicos.
9. **Corrosión intergranular**: Es la que se encuentra localizada en los límites de grano, esto origina pérdidas en la resistencia que desintegran los bordes de los granos.
10. **Corrosión por esfuerzo**: Se refiere a las tensiones internas luego de una deformación en frío.

17. A qué tipo de corrosión se refiere el enunciado: Donde la corrosión química o electroquímica actúa uniformemente sobre toda la superficie del metal:
    g) Corrosión uniforme

Corrosión uniforme: Donde la corrosión química o electroquímica actúa uniformemente sobre toda la superficie del metal.

18. Cuál de las siguientes definiciones corresponde al tipo de corrosión: *Corrosión por esfuerzo*:
    d) Se refiere a las tensiones internas luego de una deformación en frío

Corrosión por esfuerzo: Se refiere a las tensiones internas luego de una deformación en frío.

19. ¿Cuál de las siguientes no corresponde a medidas de prevención?
    d) Protección calórica

Dentro de las medidas utilizadas industrialmente para combatir la corrosión están las siguientes:
7. Uso de materiales de gran pureza.
8. Presencia de elementos de adición en aleaciones, ejemplo aceros inoxidables.
9. Tratamientos térmicos especiales para homogeneizar soluciones sólidas, como el alivio de tensiones.
10. Inhibidores que se adicionan a soluciones corrosivas para disminuir sus efectos, ejemplo los anticongelantes usados en radiadores de los automóviles.

11. Recubrimiento superficial: pinturas, capas de óxido, recubrimientos metálicos
12. Protección catódica.

20. ¿Qué descarga la protección catódica?
    c) Corriente

La protección catódica funciona gracias a la descarga de corriente desde una cama de ánodos hacia tierra y dichos materiales están sujetos a corrosión, por lo que es deseable que dichos materiales se desgasten (se corroan) a menores velocidades que los materiales que protegemos.

21. ¿Cuáles son los tipos de ánodos que mayormente se utilizan en la protección catódica?
    d) Todas son correctas

Tipos de ánodos
Considerando que el flujo de corriente se origina en la diferencia de potencial existente entre el metal a proteger y el ánodo, éste último deberá ocupar una posición más elevada en la tabla de potencias (serie electroquímica o serie galvánica).
Los ánodos galvánicos que con mayor frecuencia se utilizan en la protección catódica son: Magnesio, Zinc, Aluminio.
Magnesio: Los ánodos de Magnesio tienen un alto potencial con respecto al hierro y están libres de pasivación. Están diseñados para obtener el máximo rendimiento posible, en su función de protección catódica. Los ánodos de Magnesio son apropiados para oleoductos, pozos, tanques de almacenamiento de agua, incluso para cualquier estructura que requiera protección catódica temporal. Se utilizan en estructuras metálicas enterradas en suelo de baja resistividad hasta 3000 ohmio-cm.
Zinc: Para estructura metálica inmersas en agua de mar o en suelo con resistividad eléctrica de hasta 1000 ohm-cm.
Aluminio: Para estructuras inmersas en agua de mar.

22. ¿Cuáles son los ánodos utilizados en la corriente impresa?
    e) a, b y d son correctas

Ánodos utilizados en la corriente impresa
Chatarra de hierro: Por su economía es a veces utilizado como electrodo dispersor de corriente. Este tipo de ánodo puede ser aconsejable su utilización en terrenos de resistividad elevada y es

aconsejable se rodee de un relleno artificial constituido por carbón de coque. El consumo medio de estos lechos de dispersión de corriente es de 9 Kg/Am*Año
Ferrosilicio: *Este ánodo es recomendable en terrenos de media y baja resistividad. Se coloca en el suelo incado o tumbado rodeado de un relleno de carbón de coque. A intensidades de corriente baja de 1 Amp, su vida es prácticamente ilimitada, siendo su capacidad máxima de salida de corriente de unos 12 a 15 Amp por ánodo. Su consumo oscila a intensidades de corriente altas, entre o.5 a 0.9 Kg/Amp*Año. Su dimensión más normal es la correspondiente a 1500 mm de longitud y 75 mm de diámetro.*
Grafito: *Puede utilizarse principalmente en terrenos de resistividad media y se utiliza con relleno de grafito o carbón de coque. Es frágil, por lo que su transporte y embalaje debe ser de cuidado. Sus dimensiones son variables, su longitud oscila entre 1000-2000 mm, y su diámetro entre 60-100 mm, son más ligeros de peso que los ferrosilicios. La salida máxima de corriente es de 3 a 4 amperios por ánodo, y su desgaste oscila entre 0.5 y 1 Kg/Am*Año*
Titanio-Platinado: *Este material está especialmente indicado para instalaciones de agua de mar, aunque sea perfectamente utilizado en agua dulce o incluso en suelo.*

23. Cuál o cuáles de los siguientes son materiales resistentes a la corrosión:
    d) Todas son correctas
Los metales difieren mucho en cuanto a su resistencia a la corrosión. Por ejemplo, los metales nobles como el platino y el oro son inherentemente resistentes a muchos medios agresivos; el cromo y el titanio tienen una buena resistencia a la corrosión; el acero, el cinc y el magnesio se corroen fácilmente. La resistencia a la corrosión "intrínseca" de un metal depende de muchos factores, incluyendo su posición en la serie galvánica, así como la adherencia y compacidad de la película formada en su superficie en contacto con el aire o el medio de servicio. Con una película de óxido protectora, el material se comporta como un metal noble, en el supuesto de que exista suficiente oxígeno en el medio como para re El cromo, aluminio, titanio, silicio, tungsteno y molibdeno forman películas de óxidos protectores y sus aleaciones están similarmente protegidas.

24. Cuál o cuáles de los siguientes son materiales propensos a la corrosión:
   e) Ninguna

Los metales difieren mucho en cuanto a su resistencia a la corrosión. Por ejemplo, los metales nobles como el platino y el oro son inherentemente resistentes a muchos medios agresivos; el cromo y el titanio tienen una buena resistencia a la corrosión; el acero, el cinc y el magnesio se corroen fácilmente. La resistencia a la corrosión "intrínseca" de un metal depende de muchos factores, incluyendo su posición en la serie galvánica, así como la adherencia y compacidad de la película formada en su superficie en contacto con el aire o el medio de servicio. Con una película de óxido protectora, el material se comporta como un metal noble, en el supuesto de que exista suficiente oxígeno en el medio como para re El cromo, aluminio, titanio, silicio, tungsteno y molibdeno forman películas de óxidos protectores y sus aleaciones están similarmente protegidas.

25. ¿Cuántos tipos de acero inoxidable existen?
   b) Tres

Aceros inoxidables
Existen tres tipos principales. Los aceros inoxidables martensítico y ferrítico contienen entre un 11 y un 18% de cromo. El acero inoxidable austenítico contiene aproximadamente entre un 16 a 27% de cromo y de un 8 a 22% de níquel. La resistencia más elevada a la corrosión se logra con el acero inoxidable austenítico.

Estaciones depuradoras de aguas residuales.

ESTACIONES DEPURADORAS DE AGUAS RESIDUALES

E.D.A.R.

Es una Estación Depuradora de Aguas Residuales, que recoge el agua residual de una población o de una industria y, después de una serie de tratamientos y procesos, la devuelve a un cauce receptor (río, embalse, mar, etc.)

Tipos de E.D.A.R.

Se distinguen dos tipos de E.D.A.R. principales: las urbanas y las industriales. Las E.D.A.R. urbanas reciben aguas residuales mayoritariamente de una aglomeración humana. Mientras que las industriales reciben las aguas residuales de una o varias industrias.

Composición del agua residual urbana

El agua residual urbana en la mayor parte de España está formada por la reunión de las aguas residuales procedentes del alcantarillado municipal, de las industrias asentadas en el casco urbano y en la mayor parte de los casos de las aguas de lluvia que son recogidas por el alcantarillado.

La mezcla de las aguas fecales con las aguas de lluvia suelen producir problemas en una E.D.A.R., sobre todo en caso de tormentas, por lo que las actuaciones urbanas recientes se están separando las redes de aguas fecales de las redes de aguas de lluvia.

¿Por qué necesitamos una E. D. A. R?

Cuando un vertido de agua residual sin tratar llega a un cauce produce varios efectos sobre él:

- Tapiza la vegetación de las riberas con residuos sólidos gruesos que lleva el agua residual, tales como plásticos, utensilios, restos de alimentos, etc.

- Acumulación de sólidos en suspensión sedimentables en fondo y orillas del cauce, tales como arenas y materia orgánica.

- Consumo del oxígeno disuelto que tiene el cauce por descomposición de la materia orgánica y compuestos amoniacales del agua residual.

- Formación de malos olores por agotamiento del oxígeno disuelto del cauce que no es capaz de recuperarse.

- Entrada en el cauce de grandes cantidades de microorganismos entre los que pueden haber elevado número de patógenos.

- Contaminación por compuestos químicos tóxicos o inhibidores de otros seres vivos (dependiendo de los vertidos industriales)

- Aumenta la eutrofización al portar grandes cantidades de fósforo y nitrógeno.

¿Que se tiene en cuenta para diseñar una EDAR urbana?

No todas las E.D.A.R. son iguales ni cumplen las mismas especificaciones. Habitualmente las autoridades que tienen encomendadas competencias medioambientales definen primero los usos que van a tener los cauces para así establecer las necesidades o situaciones críticas de los vertidos. Debemos distinguir, por lo general, dos grandes líneas maestras para empezar (En España):

- La Directiva 271/91/CEE de la Unión Europea que establece los plazos para construir depuradoras y los tamaños de población de que deben contar con una. Así mismo establece mecanismos y frecuencias de muestreo y análisis de las aguas residuales. El control se basa en los parámetros sólidos en suspensión, D.B.O.5, D.Q.O., fósforo y nitrógeno. Existe la trasposición a la legislación española de esta Directiva y un Plan Nacional de Saneamiento y Depuración de Aguas Residuales (Ver B.O.E. Resolución del 28/04/95 del M.O.P.T. y M.A. publicado el 12/05/95 y Real Decreto-Ley 11/1995 de 28/12/95 publicado el 30/12/95.
- La Comisaría de Aguas correspondiente a la cuenca donde se vierte emite una autorización de vertido en la que se pueden reflejar valores límite de vertido.

Una vez claros los límites de calidad del vertido y las garantías que éste debe cumplir se tiene en cuenta una amplia gama de variables tales como:

- Tamaño de la población servida. Industrias presentes, tipo de contaminación. Oscilaciones de carga y caudal en el tiempo (día, semana, estacionales, etc.), equivalencia en habitantes (en el sentido de la Directiva 271/91/CEE)

- Que se va a hacer con los residuos generados: basura y biosólidos (fangos).
- Posible reutilización del efluente (o parte de él)
- Nivel de profesionalización del personal requerido
- Orografía del terreno
- Coste del suelo
- Impacto ambiental

Como se evalúa que una depuradora funciona

Los objetivos de una depuradora son:
- Eliminación de residuos, aceites, grasas, flotantes, arenas, etc. y evacuación a punto de destino final adecuado.

- Eliminación de materias decantables orgánicos o inorgánicos
- Eliminación de la materia orgánica
- Eliminación de compuestos amoniacales y que contengan fósforo (en aquellas que viertan a zonas sensibles)
- Transformar los residuos retenidos en fangos estables y que éstos sean correctamente dispuestos.

Las determinaciones analíticas que siempre se usan en una depuradora para conocer el grado de calidad de su tratamiento son, entre otras:

- Sólidos en suspensión o materias en suspensión: Corresponden a las materias sólidas de tamaño superior a 1 µm independientemente de que su naturaleza sea orgánica o inorgánica. Gran parte de estos sólidos son atraídos por la gravedad terrestre en periodos cortos de tiempo por lo que son fácilmente separables del agua residual cuando ésta se mantiene en estanques que tengan elevado tiempo de retención del agua residual.
- D.B.O.5 (Demanda biológica o bioquímica del oxígeno): Mide la cantidad de oxígeno que necesitan los microorganismos del agua para estabilizar esa agua residual en un periodo normalizado de 5 días. Cuanto más alto es el valor peor calidad tiene el agua.
- D.Q.O. (Demanda Química de Oxígeno): Es el oxígeno equivalente necesario para estabilizar la contaminación

que tiene el agua, pero para ello se emplean oxidantes químico enérgico.

- Nitrógeno. Las formas predominantes de nitrógeno en el agua residual son las amoniacales (amonio-amoniaco), nitrógeno orgánico, nitratos y nitritos.
- Fósforo: bien como fósforo total, bien como ortofosfato disuelto.

Como es una E.D.A.R.

Las E.D.A.R. habitualmente se clasifican de varias formas. Una de las clasificaciones es según el grado de complejidad y tecnología empleada:

- Tratamientos Convencionales. Se emplean en núcleos de población importantes y que producen un efecto notable sobre el receptor. Utiliza tecnologías que consumen energía eléctrica de forma considerable y precisan mano de obra especializada.

- Tratamientos para pequeñas poblaciones (tratamientos blandos y convencionales adaptados). Se emplean en núcleos de población pequeños, edificaciones aisladas de redes de saneamiento. Su principal premisa es la de tener unos costos de mantenimiento bajos y precisar de mano de obra no cualificada. Su grado de tecnificación es muy bajo necesitando poca o nula energía eléctrica.

Problemas biológicos por microorganismos filamentosos

Papel de los microorganismos

En los fangos activos, la depuración biológica la llevan a cabo enormes cantidades de microorganismos que se agrupan en flóculos. Estos microorganismos son en su mayor parte bacterias heterótrofas que utilizan la contaminación orgánica para formar biomasa celular nueva y reproducirse.

Los flóculos biológicos después de salir del reactor biológico se separan del agua depurada en el decantador secundario. La cantidad de flóculos que entran en el decantador es muy grande por lo que cualquier interferencia por sobrecarga hidráulica, cambio de densidad del flóculo, corrientes de convección, o interferencias biológicas hace que este flóculo se fugue del decantador con el efluente o bien ascienda a la superficie, quedando allí retenido por la contención de flotantes.

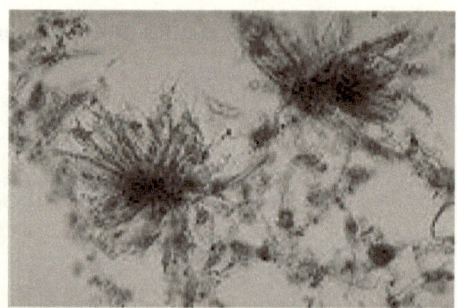

Visión microscópica de flóculos sin microorganismos filamentosos

Interferencias producidas por excesivas cantidades de filamentos
Si bien la mayor parte de las bacterias que forman la biomasa que depura el agua residual en el tratamiento biológico tiene forma unicelular, hay algunos microorganismos que presentan sucesiones de células de forma que aparecen filamentos.

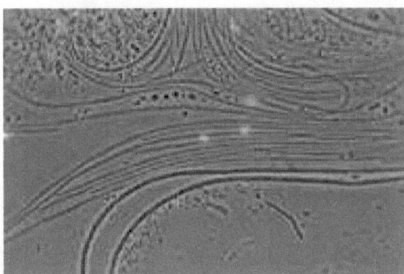

Visión microscópica de un fango activo con excesiva cantidad de microorganismos filamentosos.

Si la cantidad de filamentos es alta y el proceso de depuración es por fangos activados podemos encontrarnos con dos tipos de problemas biológicos:

Esponjamiento filamentoso o <u>Bulking</u>

Los filamentos interfieren en la compactación del flóculo en el decantador secundario

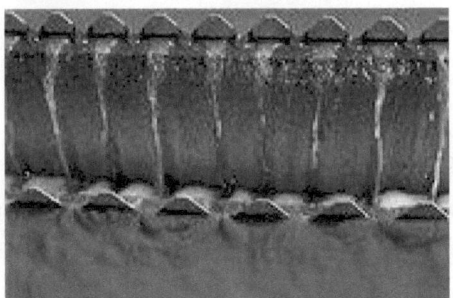

Espumamiento biológico o <u>Foaming</u>

Los microorganismos filamentosos producen una espesa espuma coloreada (en colores del blanco al marrón) y en muchos casos abundantes flotantes en decantación secundaria.

La frecuencia de aparición de estos dos problemas biológicos, juntos o por separado, en las E.D.A.R. de todo el mundo obliga a utilizar la observación microscópica como método de detección de estos microorganismos.

La observación microscópica como método de identificación de filamentos

Mediante el empleo del microscopio óptico y una serie de técnicas de cultivo, medición y tinción podemos identificar los microorganismos filamentosos. Si aplicamos alguna rutina de recuento podemos además cuantificar su presencia y relacionarla con los efectos que producen en el tratamiento biológico.

El microscopio

Para poder identificar microorganismos filamentosos necesitamos de forma imprescindible un microscopio binocular equipado con contraste de fases y unos objetivos de, al menos, 10x y 100x oil. Gracias a esta modificación de la iluminación se ponen de manifiesto los detalles estructurales de las células bacterianas que contribuyen a la identificación.

Si contamos con un equipo microfotográfico, podemos llevar un histórico de lo que vemos y ayudarnos de las fotografías en consultas con otras personas que tengan más experiencia en la identificación.

Para poder medir necesitamos ayudarnos de un ocular de medida y en algunos casos de un portaobjetos patrón con un milímetro grabado.

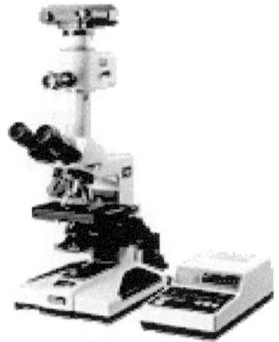

Características morfológicas de los filamentos

Observando a gran aumento tenemos que buscar las características morfológicas que distinguen a los diferentes filamentos tales como:

- Ramificaciones: verdadera o falsa
- Movilidad: si o no
- Forma del filamento: recto, ligeramente curvado, torcido, cadena irregular de células, irregularmente enrollados, miceliar.
- Color del filamento: transparente, medio, oscuro
- Situación del filamento: en el interior del flóculo, saliendo hacia el licor exterior, libre en el licor
- Crecimiento epifítico: no, si (cuantificar si mucho o poco)
- Vaina: si, no
- Septos celulares: si, no
- Indentaciones: si, no
- Dimensiones del filamento

- Forma de las células: cuadradas, rectangulares, ovales, tonel, discoide, extremos redondeados, esféricas, no observables
- Dimensiones de las células
- Gránulos de azufre: in situ y tras la prueba del azufre
- Presencia de rosetas, gonidios, etc.

Tinciones empleadas

Para ayudar en la identificación morfológica de los filamentos se realizan una serie de tinciones tales como:
- Tinción de Gram: positiva, negativa, variable
- Tinción de Neisser: para el filamento positiva o negativa, y en ese caso puede haber gránulos positivos
- Tinción de PHB
- Tinción de vainas

Microorganismos filamentosos

Actualmente los microorganismos filamentosos se identifican en base a características morfológicas rápidas de llevar a cabo en el laboratorio de una E.D.A.R. Los tipos habitualmente identificados son una treintena en todo el mundo, de los que unos pocos son muy habituales y otros raros de encontrar en número apreciable. Unos se denominan por medio del género, otros se incluyen especies y en muchos se usa una denominación alfanumérica.

Lista de microorganismos filamentosos
- *Bacillus*

- *Beggiatoa*
- Cianobacterias
- *Flexibacter*
- *Haliscomenobacter hydrossis*
- Hongos filamentosos
- *Microthrix parvicella*
- G.A.L.O (Organismos parecidos a *Gordona amarae*) o N.A.L.O. (Organismos parecidos a *Nocardia amarae)*
- *Nostocoida limicola I, II, y III*
- <u>*Sphaerotilus natans*</u>
- *Streptococcus*
- *Thiotrix I y II*
- Tipo 0041
- Tipo 0092
- Tipo 0211
- Tipo 021N
- Tipo 0411
- Tipo 0581
- Tipo 0675
- Tipo 0803
- Tipo 0914
- Tipo 0961
- Tipo 1701
- Tipo 1702
- Tipo 1851
- Tipo 1852
- Tipo 1863

Indicadores Biológicos

Papel bioindicador de la microfauna en el ecosistema de fangos activos.

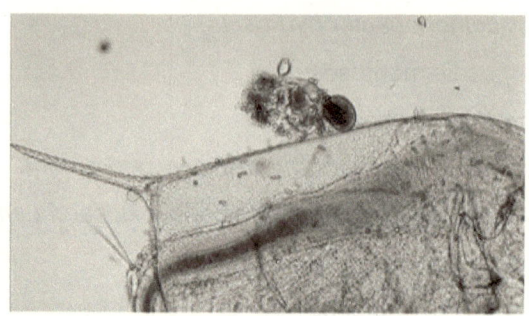

El sistema de depuración por lodos activos es en realidad un ecosistema artificial en donde los organismos vivos (biocenosis) están representados con mayor o menor abundancia, por grupos de microorganismos que constituyen comunidades biológicas complejas interrelacionadas entre sí y con el medio físico que les rodea en la planta depuradora (biotopo).

Estructura del ecosistema
Componentes

- Abióticos: constituidos por el medio físico es decir la planta depuradora y las características tecnológicas de la misma
- Bióticos: representados por las comunidades de microorganismos descomponedores (bacterias. hongos y algunos protozoos flagelados) y consumidores (protozoos

y metazoos), organismos estos últimos que constituyen la microfauna.

Factores

- Abióticos: son todas aquellas características del medio (composición del agua residual, concentración del oxígeno disuelto en el reactor, temperatura, carga orgánica que llega a la planta) que pueden afectar a la distribución de los microorganismos en el sistema.
- Bióticos: el ambiente físico-químico determina los límites entre los que los microorganismos pueden desarrollarse y los cambios que esto puede causar en el agua residual que está siendo tratada. Dentro de los límites fijados por el ambiente las comunidades biológicas son además controladas por las interrelaciones de los microorganismos que las forman. La competencia por los nutrientes y el oxígeno junto con la depredación. son los ejemplos más representativos de estas interrelaciones.

Estructura de la microfauna

<u>Protozoos</u>

Los protozoos son los microorganismos más abundantes de la microfauna en los fangos activos, y pueden llegar a alcanzar valores medios de 50.000 ind/ml en los reactores biológicos constituyendo aproximadamente el 5% del peso seco de los sólidos en suspensión del licor mezcla.

Los protozoos están representados en el licor mezcla por flagelados, amebas y sobre todo ciliados. Cada uno de estos grupos desempeña una función concreta en el sistema y su aparición y abundancia reflejan las distintas condiciones físico-químicas existentes en los tanques de aeración, lo que resulta ser un índice muy útil para valorar la eficiencia del proceso de depuración.

Flagelados

Los flagelados no son abundantes cuando el proceso de depuración funciona adecuadamente. Su elevada densidad en los reactores se relaciona con las primeras etapas de la puesta en marcha de la instalación, cuando las poblaciones estables de protozoos ciliados no se han desarrollado todavía. La presencia excesiva en un fango estable indica una baja oxigenación del mismo o un exceso de carga orgánica.

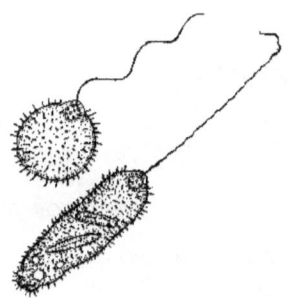

Amebas

Dentro de las amebas podemos distinguir las amebas desnudas, que suelen estar relacionadas con cargas de entrada en la EDAR alta, y las amebas testáceas que pueden aparecer en instalaciones con buena nitrificación y carga orgánica baja

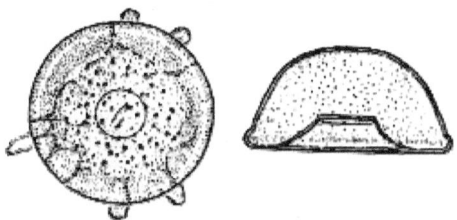

Ciliados

La presencia de protozoos ciliados en los fangos activos es de gran importancia en el proceso, ya que contribuyen directamente a la clarificación del efluente a través de dos actividades: la floculación y la depredación, siendo ésta última la más importante. Existen diversos estudios que han demostrado experimentalmente que la presencia de protozoos ciliados en estaciones depuradoras mejora la calidad del efluente.

Los ciliados se alimentan también de bacterias patógenas, por lo que contribuyen a la reducción de sus niveles. Los ciliados presentes en el licor mezcla se pueden clasificar en dos grandes categorías en función de su relación con el flóculo biológico:

Ciliados asociados al flóculo

Se distinguen dos grupos: los pedunculados y los reptantes. Los pedunculados guardan una estrecha relación con el flóculo por la presencia de un pedúnculo que les sirve de órgano de fijación. Van continuamente asociados a él, incluso en la recirculación y la purga del fango.

Entre los pedúnculados nos encontramos con los suctores, que van a alimentarse de otros protozoos ciliados y con los peritricos, que se alimentan de bacterias libres.

Los ciliados reptantes utilizan estructuras de movimiento (cilios o cirros) para moverse en el entorno del flóculo donde se alimentan de las bacterias de la superficie del flóculo.

Ciliados no asociados al flóculo

Son los ciliados nadadores que se encuentran libres en el licor entre los flóculos. Lo habitual es que salgan con el efluente tratado.

Los ciliados pedunculados y reptantes son los más frecuentes cuando el tratamiento funciona correctamente, ya que el sistema está especialmente diseñado para la creación de flóculos, que son utilizados como sustrato de fijación por estos microorganismos.

Su capacidad de fijación o relación con el flóculo supone una ventaja adaptativa en este sistema y los que no la poseen son eliminados en el efluente.

Por contra los ciliados nadadores no son constituyentes típicos de las comunidades estables, sino que aparecen durante la fase de colonización del miso, cuando los flóculos están en vías de formación y no se han establecido aún los ciliados pedunculados y reptantes.

En consecuencia la presencia dominante de ciliados nadadores en un lodo bien formado es indicio de anomalías en el proceso, como son una carga excesiva o un fango poco oxigenado.

En ocasiones, también pude estar relacionado con la entrada de vertidos tóxicos, ya que se eliminan las comunidades estables del proceso, presentando los reactores una situación semejante a la puesta en marcha

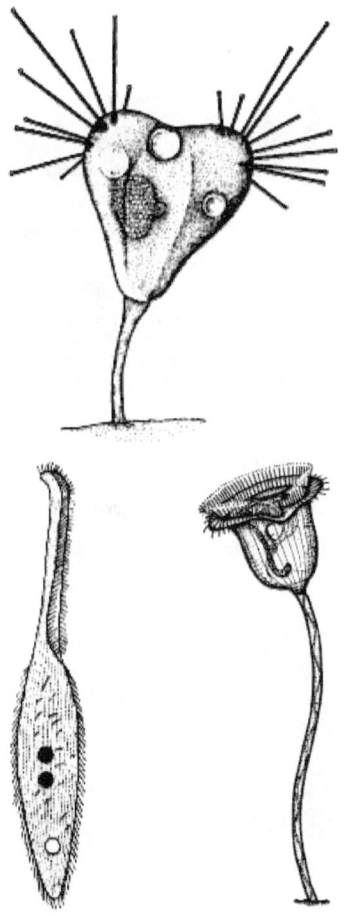

Metazoos

Su presencia en los fangos activos es menor que la de los protozoos

Nematodos

La mayor parte de los que aparecen son predadores de bacterias dispersas y protozoos, pero también pueden aparecer algunas formas saprozoicas capaces de alimentarse de la materia orgánica disuelta e incluso de la materia de los flóculos.

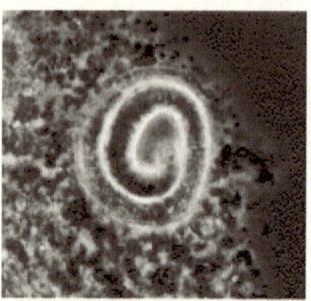

Rotíferos

Los rotíferos eliminan bacterias dispersas y protozoos. Algunas especies contribuyen a la formación del flóculo por secreción de mucus.

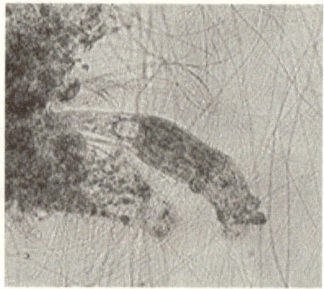

Funcionamiento del ecosistema

El funcionamiento del ecosistema tiene lugar a través de la dinámica de las comunidades microbianas que lo integran, y se refleja en la evolución de dichas comunidades en el espacio y en el tiempo.

En el espacio
Los microorganismos presentes en los fangos activados se organizan formando una cadena alimenticia según se refleja en la imagen adjunta.
Bacterias, Hongos, amebas y otros protozoos saprozoicos son los consumidores iniciales de la materia orgánica biodegradable del sistema, por lo que entran en competencia en este primer nivel trófico. Las bacterias salen ventajosas de esta competencia, ya que la naturaleza del agua residual y las concentraciones habituales de carbono, nitrógeno y fósforo favorecen el mejor desarrollo de estas. No podemos tampoco olvidar que la velocidad de crecimiento de las bacterias es muy rápida.
Los consumidores de primer orden están representado por los flagelados heterótrofos y fundamentalmente por ciliados micrófagos, principales responsables de la eliminación de bacterias dispersas y flagelados.
La materia en forma de biomasa y la energía, fluyen hacia niveles tróficos superiores, donde aparecen los carnívoros (otros ciliados) y que constituyen los consumidores de segundo orden.
El último nivel de la cadena alimentaria lo forman los pequeños metazoos, que para su aparición necesitan de los microorganismos de niveles tróficos inferiores y de un tiempo de retención acorde a su velocidad de reproducción.
Parte de la materia orgánica procedente de las células muertas se incorpora de nuevo al ecosistema en forma de nutrientes.

En el tiempo

Los fangos activos son ecosistemas sujetos a una entrada continua de materia orgánica, por lo que el desarrollo normal de la sucesión ecológica no se lleva a cabo.

La sucesión se mantiene en una etapa concreta en la que el rendimiento de depuración sea máximo y exista un equilibrio entre el fango producido, purgado y recirculado acorde con los consumos energéticos demandados por los sistemas de aeración.

Entre la puesta en marcha y la estabilización de la estación depuradora se producen sucesiones en las poblaciones de microorganismos.

En la fase inicial dominan las bacterias dispersas y los protozoos flagelados que entran con el influente. Aumenta el número de bacterias.

Aparecen los ciliados libre nadadores bacterívoros aumenta ya que tienen mucha cantidad de alimento. Los flóculos se van formando y disminuye el número de bacterias libres y de protozoos flagelados.

Se desarrollan los ciliados pedunculados y reptantes con estructuras bucales eficaces para la captura de alimento, éstos acaban por desplazar a los ciliados nadadores.

Los metazoos aparecen tardíamente por encontrarse en el final de la cadena.

No obstante, las sucesiones de microorganismos que tienen lugar en el sistema de fangos activos no solo ocurren como resultado de relaciones tróficas, sino que pueden ser debidas también a alteraciones ocasionales pero significativas del proceso de depuración, provocadas a veces para mejorar el rendimiento como es la actuación sobre el tiempo de retención celular.

Circuito del proceso de tratamiento

Pretratamiento

Se efectúa en dos etapas claramente diferenciadas; en una primera etapa de desbaste se eliminan primero los sólidos de mayor tamaño, y pesados por medio de un pozo de gruesos y una cuchara anfibia. Después las rejas de gruesos eliminan los sólidos grandes flotantes.

Y posteriormente las rejas de finos (tres en este caso), retienen los sólidos flotantes mayores de 10 mm, que son evacuados a un contenedor por medio de una cinta transportadora. Las rejas se pueden poner en funcionamiento manual, temporizado, por pérdida de carga o en función del caudal de entrada.

La segunda etapa del pretratamiento se realiza en los desarenadores-desengrasadores, donde gracias al aire aportado por varias soplantes a través de unos difusores, flotarán las grasas y aceites que son recogidos por sendas rasquetas a un pozo desde el cual se bombea a un contenedor.

Al mismo tiempo, la arena desprovista casi en su totalidad de materia orgánica sedimentará y será evacuada a través de bombas al clasificador de arenas y posteriormente, a un contenedor.

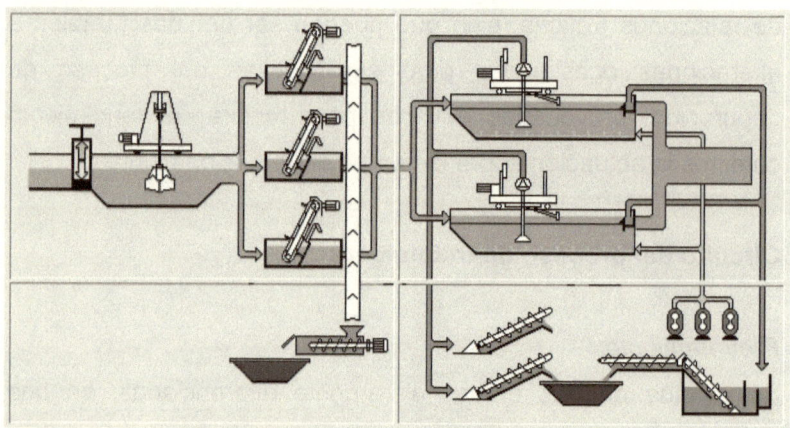

Tratamiento primario

En el tratamiento primario se pretende eliminar la materia en suspensión sedimentable, para lo cual se emplean decantadores donde sedimenta, por acción de la gravedad, una buena parte de la contaminación.

Si este proceso lo potenciamos con reactivos hablamos de tratamiento físico-químico. Habitualmente éste tratamiento físico-químico se divide en dos etapas: en la primera, se produce la coagulación del agua en los tanques de mezcla rápida y en la segunda se produce la floculación en los tanques del mismo nombre.

Los tanques de mezcla están provistos de electroagitadores para conseguir la mezcla del agua a depurar con los reactivos dosificados.

En los tanques de floculación, hay también electroagitadores, pero éstos giran mucho más lento para conseguir que los microflóculos se encuentren y se agreguen sin romperse.

Una vez conseguida la floculación mejora la sedimentación ya que parte de los sólidos coloidales y disueltos pasan a ser sólidos en suspensión sedimentables.

Si bien no todas las E.D.A.R. cuentan con tratamiento físico-químico previo a la decantación primaria, si es habitual que cualquier instalación de más de 10.000 habitantes equivalentes posea decantadores primarios. Éstos decantadores pueden ser o rectangulares o circulares.

Cada decantador circular posee un vertedero perimetral, con deflector para retener flotantes y un puente radial de accionamiento periférico, que recoge y conduce los fangos sedimentados hacia una arqueta de donde se realizan las purgas de los mismos.

Del mismo modo, los flotantes son arrastrados hacia una pequeña tolva donde pasan a otra arqueta para ser evacuados por medio de bombas sumergibles.

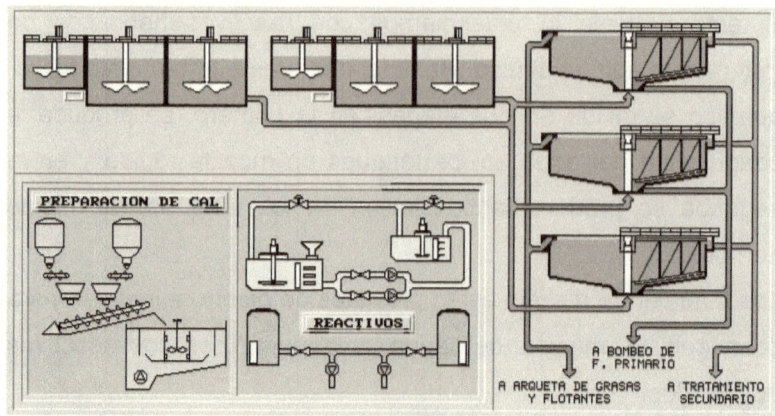

Tratamiento biológico

El tratamiento biológico persigue la transformación de la materia orgánica disuelta en sólidos sedimentables que se retiran fácilmente del proceso. Adicionalmente se consigue el atrapamiento de sólidos coloidales y en suspensión.

Si bien todos los tratamientos biológicos consiguen disminuir la D.B.O.5, solamente se consigue eliminar nitrógeno y fósforo si se diseña el proceso para ello.

El tratamiento biológico se realiza en varios reactores biológicos. Éstos pueden presentar apariencias muy diversas (circulares, rectangulares, canales).

Para conseguir que entre oxígeno para los microorganismos, y producir la necesaria agitación suele haber electroagitadores superficiales o inyección de aire que sale por domos cerámicos, como en este caso, estos domos están instalados en el fondo y aportan el aire en forma de burbujas.

El aire es captado de la atmósfera por varias soplantes de gran potencia.

La decantación secundaria o clarificación final, se realiza en varios decantadores generalmente circulares dotados de rasquetas que van suspendidas de un puente radial, arrastrando el fango hacia la zona central del decantador, desde donde dicho fango es recirculado mediante bombas sumergibles o tornillos de Arquímedes a la entrada del tratamiento biológico.

Con esta recirculación se consigue concentrar los microorganismos hasta valores muy altos. Para mantener controlado el proceso hay que sacar continuamente fango.

Las purgas de fangos en exceso se pueden realizar desde el reactor biológico o desde la recirculación, esta última estará más concentrada.

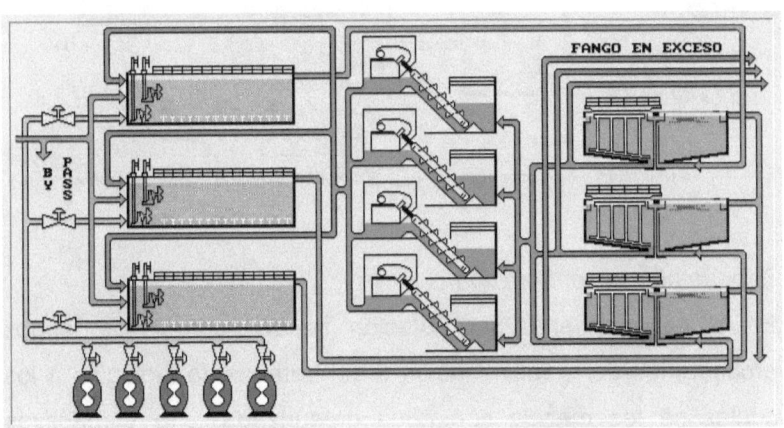

Espesamiento por gravedad

El espesamiento de los fangos por gravedad se realiza previo paso por unos tamices, en cubas circulares dotadas de sistema de arrastre central que mueve unos peines giratorios situados en la parte inferior del tanque y cuya labor es la de liberar el agua ocluida en los flóculos de los fangos, produciéndose el espesamiento de los mismos, el sobrenadante que se obtiene en la parte superior es enviado al pozo de sobrenadantes y a su vez a cabecera.

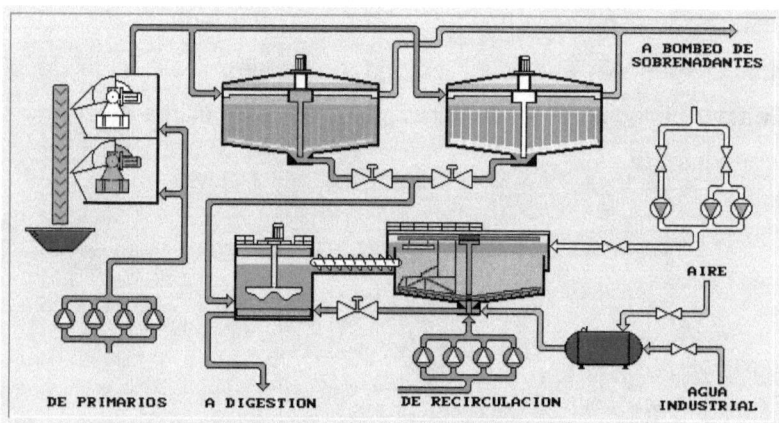

Espesamiento por flotación

En el espesamiento por flotación se concentran los fangos procedentes de la recirculación o del tratamiento biológico a los cuales se les mezcla con agua presurizada, aire y reactivos (polielectrolito), con el fin de ayudar a la tendencia natural de flotar de este tipo de fangos, recogiéndose estos en la parte superficial por medio de unas rasquetas y a su vez enviarlos al pozo de mezcla para su posterior bombeo al proceso de digestión.

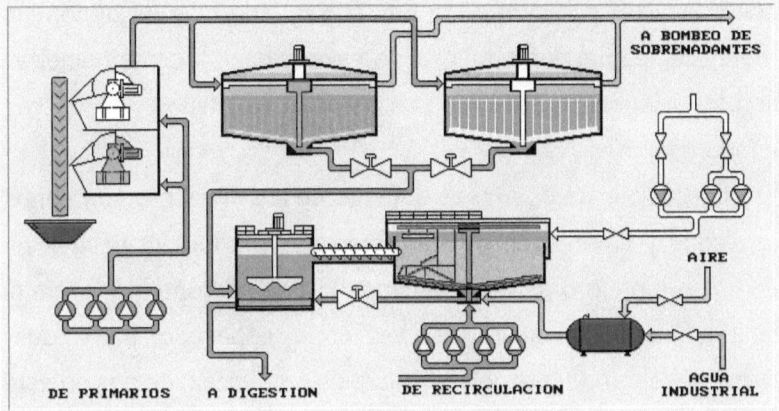

Digestión

El objeto de la estabilización es disminuir el contenido de materia orgánica de los fangos y eliminar los microorganismos patógenos que contiene.

El proceso de digestión en este caso anaerobia se realiza en tanques completamente cerrados en los que intervienen varios tipos de microrganismos.

Entre los más importantes y específicos de este proceso están por un lado las bacterias productoras de ácidos y por otro las bacterias productoras de metano. Las bacterias productoras de ácidos transforman la materia orgánica compleja, en productos intermedios.

Las bacterias productoras de metano actúan sobre dichos productos intermedios transformándolos en gases y subproductos estabilizados.

El proceso que se origina es lento y requiere unas condiciones determinadas. La primera fase del proceso se denomina fase ácida, con pH por debajo de 6,8, la segunda fase se denomina metánica, la cual aumenta el pH a valores de 7,4, estas bacterias son muy sensibles a los valores de pH y se inhiben con valores inferiores a 6.

En digestiones de dos fases el fango de los digestores primarios (agitados y calentados por el propio gas producido) pasa a un segundo tanque o digestor secundario que no tiene ni mezcla ni calentamiento que sirve a su vez como espesador para poder retirar el sobrenadante con facilidad. La producción de gas en este digestor es mínima.

El gas es almacenado en un gasómetro de campana flotante y el sobrante se incinera en una antorcha que actúa automáticamente en función del volumen almacenado. Otra solución que se le puede dar a este gas es la producción de energía eléctrica mediante cogeneración.

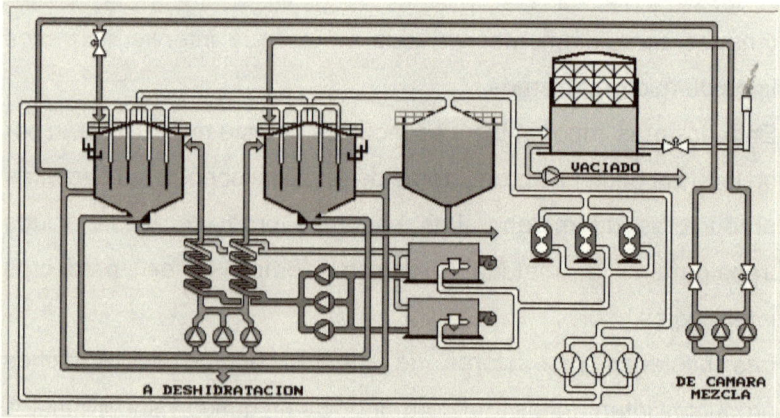

Deshidratado de fangos

Finalmente, y antes de ser evacuados al exterior, los fangos se deshidratan en varias máquinas de filtrado de banda continua a las que se bombea el fango a través de bombas de tornillo helicoidal, acondicionándolo en línea con un polielectrolito que se dosifica automáticamente.

El fango así deshidratado, se transporta a través de cintas transportadoras a un silo para su posterior evacuación mediante camiones. Este fango deshidratado suele tener unas buenas características para ser reutilizado en agricultura, después de su compostaje. A este fango se le denomina también biosólido.

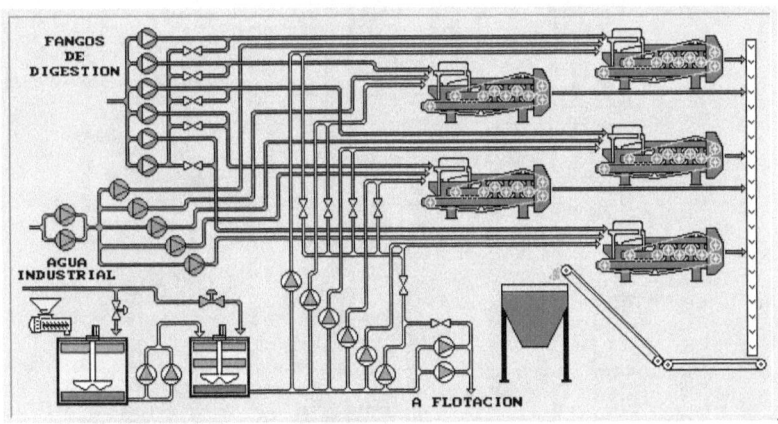

Sinóptico completo

Esquema completo del proceso de tratamiento

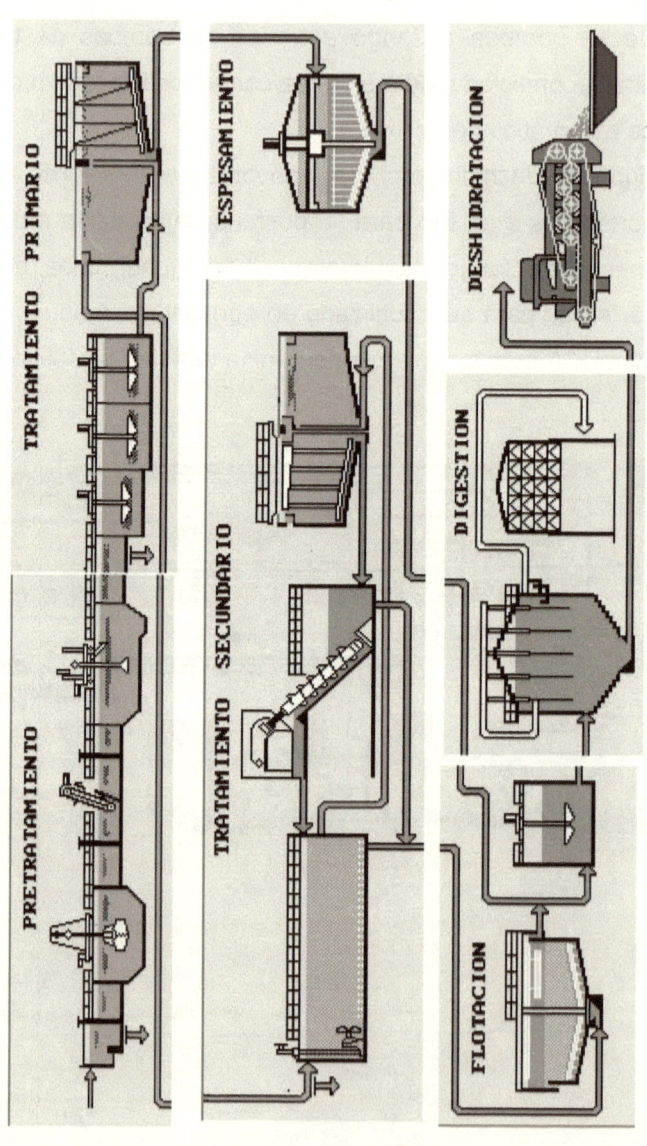

Control en estaciones depuradoras

Normas para la toma de muestras

Para conocer el grado de funcionamiento de una depuradora es necesario el control de una serie de variables en distintos puntos de la planta que nos permitan obtener información de la calidad del tratamiento.

El esquema de una EDAR convencional cuenta con una línea de agua y una línea de fango.

Línea de agua. Incluye: Entrada, desbaste de gruesos, desbaste de finos, tratamiento primario, tratamiento secundario, cloración y salida.

Controles

- Sólidos totales
- Sólidos fijos y volátiles
- Sólidos en suspensión
- Sólidos sedimentables
- Demanda Química de oxígeno
- Demanda Bioquímica de oxígeno
- pH
- Color
- Nitrógeno
- Fósforo
- Aceites y grasas
- etc.

Línea de fangos: El tratamiento de las aguas residuales, cuyo objetivo es la depuración de las mismas antes de su vertido al cauce receptor, conduce a la producción de unos desechos llamados FANGOS.

La línea de fangos Incluye: Espesamiento, digestión anaerobia y gasómetro.

Controles

- pH
- Concentración en materia seca (MS)
- Concentración en materias volátiles (MV)
- Alcalinidad del fango de los digestores
- Ácidos volátiles del fango de los digestores
- Índice volumétrico de lodos si hay tratamiento secundario
- Grado de Sequedad del Fango o de la Torta
- etc.

Normas para la toma de muestras
Recipientes

De vidrio borosilicatado de 1000 mL de capacidad para análisis bacteriológico, de fósforo, nitratos, grasas y metales.

Los recipientes empleados en la toma de muestra de agua destinados a análisis de grasas deben ser lavados finalmente con algún disolvente de las grasas.

Conservación

El análisis debe ser lo más rápido posible con relación a la toma de muestras principalmente para análisis microbiológico y para aguas negras.

La degradación de una muestra de aguas residuales es mucho más rápida que la de una muestra de aguas limpias.

Almacenar la muestra a temperatura inferior a 4º C y en oscuridad hasta la realización del análisis.

Punto de muestreo

Las muestras se tomarán en zonas de suficiente turbulencia para garantizar la representatividad de la muestra respecto a la calidad global del efluente.

Vista de una estación depuradora de aguas residuales

NTP 128: Estaciones depuradoras de aguas residuales. Riesgos específicos.

Objetivo

Las estaciones depuradoras de aguas residuales urbanas, por sus especiales características de amplitud de instalaciones, disponibilidad de servicio, proceso, etc., presentan una amplia gama de riesgos para el personal que se ocupa en su explotación. En la presente NTP se recogen las principales situaciones agrupadas bajo la denominación de riesgos específicos de la actividad. En posteriores NTP se presentarán los restantes riesgos detectados.

Generalidades

Bajo la denominación de estaciones depuradoras de aguas residuales urbanas, se agrupan las instalaciones en las que las aguas procedentes de las redes de alcantarillado de las poblaciones o núcleos habitados se someten a tratamiento, a fin de reducir sus niveles de contaminación hasta cotas aceptables. Normalmente, tras su depuración las aguas son vertidas a cauces públicos o al mar.

A grandes rasgos, el tratamiento consiste en separar los diversos productos y sustancias de desecho que, bien en suspensión o disolución, arrastran las aguas.

Estos productos y sustancias fundamentalmente son: plásticos, grasas, materias orgánicas, metales, arenas, productos químicos, etc., ello es debido a que, juntamente con los vertidos "domésticos", se recogen los variados vertidos de las industrias, que tienen conexión con la red urbana de alcantarillado.

Las instalaciones suelen estar situadas al aire libre y, únicamente cuando se ubican en proximidad a poblaciones o en su interior, se sitúan bajo techo en edificios de tipo industrial.

Es de destacar que el proceso requiere amplias superficies de balsas o depósitos sin cubrir, bien sea en situación elevada o a ras de suelo.

Por lo común, este tipo de plantas funcionan las 24 horas del día y su proceso está muy automatizado. El personal es reducido en proporción a la magnitud de las instalaciones y sus misiones se reducen a labores de vigilancia y control del funcionamiento, toma de muestras y laboratorio.

La mayor incidencia en accidentes se concreta en la realización de trabajos de mantenimiento preventivo y reparaciones de emergencia.

Proceso de depuración

La figura muestra un somero esquema del proceso de depuración. El proceso comienza con el cribado de los materiales sólidos gruesos, haciendo pasar el efluente a través de una rejilla. A continuación se separan los productos pesados (arenas) y las sustancias ligeras (grasas) sometiendo las aguas a reposo.

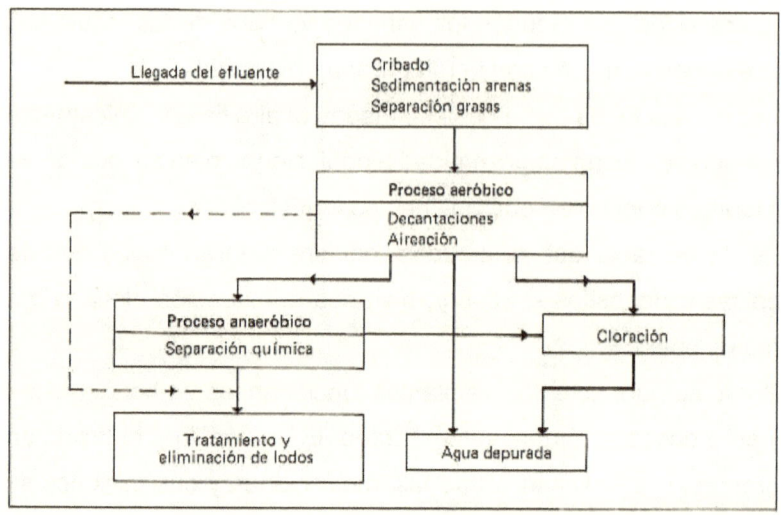

Tanques de aireación mediante turbo-agitadores / Pasarelas con ensanchamiento en la zona de accionamiento de agitadores

La siguiente etapa comprende el proceso depurador propiamente dicho, en el que los materiales de desecho que aún contiene el agua, se eliminan en forma de lodos o fangos, por sedimentación o por flotación merced a agentes floculantes.

Para ello, en primer lugar se someten las aguas a un proceso aeróbico, en el que mediante una intensa aireación forzada se favorece la fermentación biológica, que da lugar a la formación de los lodos; produciéndose su separación por espesamiento primero y por decantación posterior.

En las plantas importantes, tras el paso anterior, el agua es sometida a un tratamiento químico o anaeróbico, en el que se adicionan diferentes compuestos tales como: hidróxido cálcico, sales de hierro o de aluminio trivalente, etc., que al combinarse producen fangos que se separan por flotación en los tanques.

Lo más frecuente es que el último paso de la depuración de las aguas, antes de su vertido, sea el proceso de cloración.

Es de destacar que la secuencia de operaciones reseñadas en la etapa anterior se presenta completa, sólo en las grandes plantas. En las plantas de tipo medio y pequeño el tratamiento anaeróbico difícilmente se presenta. Algunas pequeñas plantas terminan la depuración tras el proceso aeróbico y sin proceder a la cloración.

Los lodos y fangos que contienen los desechos de la depuración, suelen someterse a tratamiento para su destrucción y eliminación. La digestión aeróbica y el secado al aire libre y en lechos de los lodos son los procesos más generalizados.

Accidentabilidad

El análisis de la accidentabilidad en este tipo de plantas aporta entre otros los siguientes datos:

- En general el número de accidentes calificados como graves es bajo, pero los que se producen son de consecuencias importantes.
- Las caídas de personas suponen el 23% de los accidentes, en tanto que las lesiones por golpes, y los cortes con herramientas alcanzan el 22%.
- El contacto con sustancias cáusticas y corrosivas aporta un 8% de los accidentes. La proyección de fragmentos y partículas, fundamentalmente metálicas, y la caída de objetos en operaciones de manutención manual, representan el 7% y 6% respectivamente.

Todo ello es perfectamente consecuente con la circunstancia de que más de la mitad de los accidentes se producen en el transcurso de operaciones de mantenimiento.

Principales riesgos detectados

Los riesgos detectados se han reunido en los tres grandes grupos siguientes:

- Riesgos específicos de la actividad.
- Riesgos derivados del equipo mecánico y eléctrico.
- Riesgos generales de la actividad.

Los riesgos específicos de la actividad, sus causas y las medidas preventivas para su limitación.

Riesgo de caída al interior de las instalaciones

Riesgo de contacto con sustancias corrosivas

Riesgo de intoxicaciones

Vista lateral de una EDAR en Andalucía

Vista aérea de una estación depuradora (EDAR) de Torrevieja

AUTOEVALUACIÓN

Estaciones depuradoras de aguas residuales. Generalidades

1. ¿Qué significa la sigla E.D.A.R?
    a) Emisiones dosificadas de aguas residuales
    b) Estaciones derivadas de alcantarillas residuales
    c) Estaciones devanadas de aguas rancias
    d) Estación depuradora de aguas residuales
    e) Ninguna es correcta

2. Qué define el siguiente enunciado: Recoge el agua residual de una población o de una industria y, después de una serie de tratamientos y procesos, la devuelve a un cauce receptor (río, embalse, mar, etc.):
    a) Emisiones dosificadas de aguas residuales
    b) Estaciones derivadas de alcantarillas residuales
    c) Estaciones devanadas de aguas rancias
    d) Estación depuradora de aguas residuales
    e) Ninguna es correcta

3. Señalar la incorrecta: El agua residual urbana en la mayor parte de España está formada por la reunión de las aguas residuales procedentes:
    a) Del alcantarillado municipal
    b) De las industrias asentadas en el casco urbano
    c) De las aguas de lluvia que son recogidas por el alcantarillado
    d) De las capas subterráneas
    e) Ninguna es correcta

4. Cuando un vertido de agua residual sin tratar llega a un cauce produce varios efectos sobre él:
    a) Aumenta la eutrofización al portar grandes cantidades de fósforo y nitrógeno
    b) Tapiza la vegetación de las riberas con residuos sólidos gruesos que lleva el agua residual, tales como plásticos, utensilios, restos de alimentos, etc.

c) Consumo del oxígeno disuelto que tiene el cauce por descomposición de la materia orgánica y compuestos amoniacales del agua residual.
d) Todas son correctas
e) Ninguna es correcta

5. ¿Qué Directiva de la Unión Europea establece los plazos para construir depuradoras y los tamaños de población de que deben contar con una? Así mismo establece mecanismos y frecuencias de muestreo y análisis de las aguas residuales:
a) La Directiva 271/91/CEE
b) La Directiva 272/91/CEE
c) La Directiva 273/91/CEE
d) La Directiva 274/91/CEE
e) La Directiva 275/91/CEE

6. Señalar la respuesta incorrecta. Los objetivos de una depuradora son:
a) Eliminación de materias decantables orgánicos o inorgánicos
b) Eliminación de la materia orgánica
c) Eliminación de compuestos amoniacales y que contengan fósforo
d) No transformar los residuos retenidos en fangos estables y que éstos sean correctamente dispuestos.
e) Eliminación de residuos, aceites, grasas, flotantes, arenas, etc.

7. A qué determinación refiere el siguiente enunciado: Sólidos en suspensión o materias en suspensión: Corresponden a las materias sólidas de tamaño superior a 1 µm independientemente de que su naturaleza sea orgánica o inorgánica. Gran parte de estos sólidos son atraídos por la gravedad terrestre en periodos cortos de tiempo por lo que son fácilmente separables del agua residual cuando ésta se mantiene en estanques que tengan elevado tiempo de retención del agua residual:
a) Las determinaciones teóricas
b) Las determinaciones de fases
c) Las determinaciones analíticas

d) Las determinaciones prácticas
e) Las determinaciones finales

8. De cuántas formas se clasifican las EDAR?
a) De una
b) De varias
c) De ninguna
d) De diez
e) De cien

9. En los fangos activos, la depuración biológica la llevan a cabo enormes cantidades de:
a) Bioquímicos
b) Ácidos
c) Microorganismos
d) Fauna salvaje
e) Ninguna es correcta

10. ¿Si la cantidad de filamentos es alta y el proceso de depuración es por fangos activados podemos encontrarnos con cuántos tipos de problemas biológicos?
a) Uno
b) Dos
c) Tres
d) Cuatro
e) Cinco

11. ¿Mediante el empleo de qué instrumento se puede identificar los microorganismos filamentosos?
a) Un telescopio binocular
b) Un microscopio óptico
c) Un microscopio pentagonal
d) Un baroscopio molecular
e) Ninguna es correcta

12. Señalar la/s respuesta/s correcta/s. En la estructura del ecosistema existen dos tipos de componentes y factores:
a) Antibióticos
b) Abióticos
c) Macrobióticos
d) Bióticos

e) a y d son correctas

13. ¿Cuál o cuáles corresponden a la estructura de la microfauna?
   a) Amebas
   b) Nematodos
   c) Flagelados
   d) Todas son correctas
   e) Ninguna es correcta

14. Señalar la respuesta correcta. El funcionamiento del ecosistema tiene lugar a través de la dinámica de las comunidades microbianas que lo integran, y se refleja en la evolución de dichas comunidades en:
   a) La velocidad y en la presión
   b) La distancia y en la profundidad
   c) El espacio en el tiempo
   d) La temperatura y en la atmósfera
   e) Ninguna es correcta

15. A qué Parte del circuito del proceso corresponde el siguiente enunciado. *Se efectúa en dos etapas claramente diferenciadas; en una primera etapa de desbaste se eliminan primero los sólidos de mayor tamaño, y pesados por medio de un pozo de gruesos y una cuchara anfibia. Después las rejas de gruesos eliminan los sólidos grandes flotantes:*
   a) Tratamiento
   b) Post tratamiento
   c) Pretratamiento
   d) Todas son correctas
   e) Ninguna es correcta

16. Señalar la respuesta correcta. En el tratamiento primario se pretende eliminar la materia en suspensión:
   a) Sedimentable
   b) Flotante
   c) Errante
   d) Serosa
   e) Acuosa

17. ¿Quién persigue la transformación de la materia orgánica disuelta en sólidos sedimentables que se retiran fácilmente del proceso? Y adicionalmente se consigue el atrapamiento de sólidos coloidales y en suspensión:
    a) El tratamiento físico
    b) El tratamiento molecular
    c) El tratamiento protozooidal
    d) El tratamiento químico
    e) El tratamiento biológico

18. Señalar la correcta. Los tipos de espesamiento son:
    a) Espesamiento por gravedad
    b) Espesamiento por liquidez
    c) Espesamiento por flotación
    d) Espesamiento por inacción
    e) a y c son correctas

19. En el proceso de digestión las bacterias productoras de metano actúan sobre dichos productos intermedios transformándolos en:
    a) Sólidos y bacterias
    b) Fluidos y afluentes
    c) Gases y subproductos estabilizados
    d) Espuma y reacciones químicas
    e) Ninguna es correcta

20. El fango deshidratado suele tener unas buenas características para ser reutilizado en agricultura, después de su compostaje. A este fango se le denomina también:
    a) Macrosólido
    b) Polisólido
    c) Biosólido
    d) Unisólido
    e) Decasólido

21. Señalar la correcta. En las Normas para la toma de muestras, Hay dos tipos de controles de acuerdo al esquema de una EDAR convencional que cuenta con:
    a) Una línea de agua y una línea de fango
    b) Una línea de sólidos y una línea de gases
    c) Una línea de microbios y una línea de protozoos

d) Una línea de hongos y una línea de moho
e) Todas son correctas

22. ¿De qué capacidad son los recipientes de vidrio borosilicatado para la toma de muestras?
a) De 10 mL
b) De 100 mL
c) De 1000 mL
d) De 10000 mL
e) De 100000 mL

23. El Almacenamiento de la muestra estará a una temperatura inferior a:
a) 1º C
b) 2º C
c) 3º C
d) 4º C
e) 5º C

24. Qué situaciones específicas se recogen en la Normativa Técnica de Prevención NTP 128: (Estaciones depuradoras de aguas residuales):
a) Situación geográfica de las EDAR
b) Autorización de instalaciones
c) Riesgos específicos de la actividad
d) Todas son correctas
e) Ninguna es correcta

25. Señalar la respuesta incorrecta. Los riesgos detectados se han reunido en los tres grandes grupos siguientes:
a) Riesgos específicos de la actividad.
b) Riesgos de enfermedades crónicas
c) Riesgos derivados del equipo mecánico y eléctrico.
d) Riesgos generales de la actividad.
e) Todas son correctas

SOLUCIONARIO

1. ¿Qué significa la sigla E.D.A.R?
  d) **Estación depuradora de aguas residuales**
E.D.A.R.
Es una Estación Depuradora de Aguas Residuales

2. ¿Qué define el siguiente enunciado? Recoge el agua residual de una población o de una industria y, después de una serie de tratamientos y procesos, la devuelve a un cauce receptor (río, embalse, mar, etc.):
  d) **Estación depuradora de aguas residuales**
E.D.A.R.
Es una Estación Depuradora de Aguas Residuales, que recoge el agua residual de una población o de una industria y, después de una serie de tratamientos y procesos, la devuelve a un cauce receptor (río, embalse, mar, etc.)

3. Señalar la incorrecta: El agua residual urbana en la mayor parte de España está formada por la reunión de las aguas residuales procedentes:
  d) **De las capas subterráneas**
Composición del agua residual urbana
El agua residual urbana en la mayor parte de España está formada por la reunión de las aguas residuales procedentes del alcantarillado municipal, de las industrias asentadas en el casco urbano y en la mayor parte de los casos de las aguas de lluvia que son recogidas por el alcantarillado.

4. Cuando un vertido de agua residual sin tratar llega a un cauce produce varios efectos sobre él:
  d) Todas son correctas
Cuando un vertido de agua residual sin tratar llega a un cauce produce varios efectos sobre él:
- *Tapiza la vegetación de las riberas con residuos sólidos gruesos que lleva el agua residual, tales como plásticos, utensilios, restos de alimentos, etc.*
- *Acumulación de sólidos en suspensión sedimentables en fondo y orillas del cauce, tales como arenas y materia orgánica.*

- Consumo del oxígeno disuelto que tiene el cauce por descomposición de la materia orgánica y compuestos amoniacales del agua residual.
- Formación de malos olores por agotamiento del oxígeno disuelto del cauce que no es capaz de recuperarse.
- Entrada en el cauce de grandes cantidades de microorganismos entre los que pueden haber elevado número de patógenos.
- Contaminación por compuestos químicos tóxicos o inhibidores de otros seres vivos (dependiendo de los vertidos industriales)
- Aumenta la eutrofización al portar grandes cantidades de fósforo y nitrógeno.

5. ¿Qué Directiva de la Unión Europea establece los plazos para construir depuradoras y los tamaños de población de que deben contar con una? Así mismo establece mecanismos y frecuencias de muestreo y análisis de las aguas residuales.
    a) La Directiva 271/91/CEE
La *Directiva 271/91/CEE de la Unión Europea que establece los plazos para construir depuradoras y los tamaños de población de que deben contar con una. Así mismo establece mecanismos y frecuencias de muestreo y análisis de las aguas residuales.*

6. Señalar la respuesta incorrecta. Los objetivos de una depuradora son:
    d) No transformar los residuos retenidos en fangos estables y que éstos sean correctamente dispuestos.
Los objetivos de una depuradora son:
- *Eliminación de residuos, aceites, grasas, flotantes, arenas, etc. y evacuación a punto de destino final adecuado.*
- *Eliminación de materias decantables orgánicos o inorgánicos*
- *Eliminación de la materia orgánica*
- *Eliminación de compuestos amoniacales y que contengan fósforo (en aquellas que viertan a zonas sensibles)*
- *Transformar los residuos retenidos en fangos estables y que éstos sean correctamente dispuestos.*

7. A qué determinación refiere el siguiente enunciado: Sólidos en suspensión o materias en suspensión: Corresponden a las materias sólidas de tamaño superior a 1 µm independientemente de que su naturaleza sea orgánica o inorgánica. Gran parte de estos sólidos son atraídos por la gravedad terrestre en periodos cortos de tiempo por lo que son fácilmente separables del agua residual cuando ésta se mantiene en estanques que tengan elevado tiempo de retención del agua residual:
    c) Las determinaciones analíticas

Las determinaciones analíticas que siempre se usan en una depuradora para conocer el grado de calidad de su tratamiento son, entre otras:

- *Sólidos en suspensión o materias en suspensión: Corresponden a las materias sólidas de tamaño superior a 1 µm independientemente de que su naturaleza sea orgánica o inorgánica. Gran parte de estos sólidos son atraídos por la gravedad terrestre en periodos cortos de tiempo por lo que son fácilmente separables del agua residual cuando ésta se mantiene en estanques que tengan elevado tiempo de retención del agua residual.*

8. ¿De cuántas formas se clasifican las EDAR?
    b) De varias

Como es una E.D.A.R.
Las E.D.A.R. habitualmente se clasifican de varias formas. Una de las clasificaciones es según el grado de complejidad y tecnología empleada:

9. En los fangos activos, la depuración biológica la llevan a cabo enormes cantidades de:
    c) Microorganismos

En los fangos activos, la depuración biológica la llevan a cabo enormes cantidades de microorganismos que se agrupan en flóculos. Estos microorganismos son en su mayor parte bacterias heterótrofas que utilizan la contaminación orgánica para formar biomasa celular nueva y reproducirse.

10. Si la cantidad de filamentos es alta y el proceso de depuración es por fangos activados podemos encontrarnos ¿Con cuántos tipos de problemas biológicos?

b) Dos

Si la cantidad de filamentos es alta y el proceso de depuración es por fangos activados podemos encontrarnos con dos tipos de problemas biológicos: Esponjamiento filamentoso o Bulking, Espumamiento biológico o Foaming.

11. ¿Mediante el empleo de qué instrumento se puede identificar los microorganismos filamentosos?
   b) Un microscopio óptico

Para poder identificar microorganismos filamentosos necesitamos de forma imprescindible un microscopio binocular equipado con contraste de fases y unos objetivos de, al menos, 10x y 100x oIl. Gracias a esta modificación de la iluminación se ponen de manifiesto los detalles estructurales de las células bacterianas que contribuyen a la identificación.

12. Señalar la/s respuesta/s correcta/s. En la estructura del ecosistema existen dos tipos de componentes y factores:
   e) a y d son correctas

Estructura del ecosistema
Componentes
- *Abióticos: constituidos por el medio físico es decir la planta depuradora y las características tecnológicas de la misma*
- *Bióticos: representados por las comunidades de microorganismos descomponedores (bacterias. hongos y algunos protozoos flagelados) y consumidores (protozoos y metazoos), organismos estos últimos que constituyen la microfauna.*

Factores
- *Abióticos: son todas aquellas características del medio (composición del agua residual, concentración del oxígeno disuelto en el reactor, temperatura, carga orgánica que llega a la planta) que pueden afectar a la distribución de los microorganismos en el sistema.*
- *Bióticos: el ambiente físico-químico determina los límites entre los que los microorganismos pueden desarrollarse y los cambios que esto puede causar en el agua residual que está siendo tratada. Dentro de los límites fijados por el ambiente las comunidades biológicas son además controladas por las interrelaciones de los*

microorganismos que las forman. La competencia por los nutrientes y el oxígeno junto con la depredación. son los ejemplos más representativos de estas interrelaciones.

13. ¿Cuál o cuáles corresponden a la estructura de la microfauna?
    d) Todas son correctas

14. Señalar la respuesta correcta. El funcionamiento del ecosistema tiene lugar a través de la dinámica de las comunidades microbianas que lo integran, y se refleja en la evolución de dichas comunidades en:
    c) El espacio en el tiempo

Funcionamiento del ecosistema
El funcionamiento del ecosistema tiene lugar a través de la dinámica de las comunidades microbianas que lo integran, y se refleja en la evolución de dichas comunidades en el espacio y en el tiempo.

15. A qué Parte del circuito del proceso corresponde el siguiente enunciado. Se efectúa en dos etapas claramente diferenciadas; en una primera etapa de desbaste se eliminan primero los sólidos de mayor tamaño, y pesados por medio de un pozo de gruesos y una cuchara anfibia. Después las rejas de gruesos eliminan los sólidos grandes flotantes:
    c) Pretratamiento

Pretratamiento
Se efectúa en dos etapas claramente diferenciadas; en una primera etapa de desbaste se eliminan primero los sólidos de mayor tamaño, y pesados por medio de un pozo de gruesos y una cuchara anfibia. Después las rejas de gruesos eliminan los sólidos grandes flotantes.

16. Señalar la respuesta correcta. En el tratamiento primario se pretende eliminar la materia en suspensión:
    a) Sedimentable

Tratamiento primario
En el tratamiento primario se pretende eliminar la materia en suspensión sedimentable, para lo cual se emplean decantadores donde sedimenta, por acción de la gravedad, una buena parte de la contaminación.

17. ¿Quién persigue la transformación de la materia orgánica disuelta en sólidos sedimentables que se retiran fácilmente del proceso? Y adicionalmente se consigue el atrapamiento de sólidos coloidales y en suspensión:
    e) El tratamiento biológico

Tratamiento biológico
El tratamiento biológico persigue la transformación de la materia orgánica disuelta en sólidos sedimentables que se retiran fácilmente del proceso. Adicionalmente se consigue el atrapamiento de sólidos coloidales y en suspensión.

18. Señalar la correcta. Los tipos de espesamiento son:
    e) a y c son correctas

Espesamiento por gravedad
El espesamiento de los fangos por gravedad se realiza previo paso por unos tamices, en cubas circulares dotadas de sistema de arrastre central que mueve unos peines giratorios situados en la parte inferior del tanque y cuya labor es la de liberar el agua ocluida en los flóculos de los fangos, produciéndose el espesamiento de los mismos, el sobrenadante que se obtiene en la parte superior es enviado al pozo de sobrenadantes y a su vez a cabecera.

Espesamiento por flotación
En el espesamiento por flotación se concentran los fangos procedentes de la recirculación o del tratamiento biológico a los cuales se les mezcla con agua presurizada, aire y reactivos (polielectrolito), con el fin de ayudar a la tendencia natural de flotar de este tipo de fangos, recogiéndose estos en la parte superficial por medio de unas rasquetas y a su vez enviarlos al pozo de mezcla para su posterior bombeo al proceso de digestión.

19. En el proceso de digestión las bacterias productoras de metano actúan sobre dichos productos intermedios transformándolos en:
    c) Gases y subproductos estabilizados

Digestión. Las bacterias productoras de metano actúan sobre dichos productos intermedios transformándolos en gases y subproductos estabilizados.

20. El fango deshidratado suele tener unas buenas características para ser reutilizado en agricultura, después de su compostaje. A este fango se le denomina también:
    c) Biosólido

El fango así deshidratado, se transporta a través de cintas transportadoras a un silo para su posterior evacuación mediante camiones. Este fango deshidratado suele tener unas buenas características para ser reutilizado en agricultura, después de su compostaje. A este fango se le denomina también biosólido.

21. Señalar la correcta. En las Normas para la toma de muestras, Hay dos tipos de controles de acuerdo al esquema de una EDAR convencional que cuenta con:
    a) Una línea de agua y una línea de fango

Normas para la toma de muestras
Para conocer el grado de funcionamiento de una depuradora es necesario el control de una serie de variables en distintos puntos de la planta que nos permitan obtener información de la calidad del tratamiento.
El esquema de una EDAR convencional cuenta con una línea de agua y una línea de fango.

22. ¿De qué capacidad son los recipientes de vidrio borosilicatado para la toma de muestras?
    c) De 1000 mL

Normas para la toma de muestras
Recipientes
De vidrio borosilicatado de 1000 mL de capacidad para análisis bacteriológico, de fósforo, nitratos, grasas y metales.

23. El Almacenamiento de la muestra estará a una temperatura inferior a:
    d) 4° C

Conservación
El análisis debe ser lo más rápido posible con relación a la toma de muestras principalmente para análisis microbiológico y para aguas negras.
La degradación de una muestra de aguas residuales es mucho más rápida que la de una muestra de aguas limpias.
Almacenar la muestra a temperatura inferior a 4° C y en oscuridad hasta la realización del análisis.

24. Qué situaciones específicas se recogen en la Normativa Técnica de Prevención NTP 128: (Estaciones depuradoras de aguas residuales):
   c) Riesgos específicos de la actividad

En la presente NTP se recogen las principales situaciones agrupadas bajo la denominación de riesgos específicos de la actividad. En posteriores NTP se presentarán los restantes riesgos detectados.

25. Señalar la respuesta incorrecta. Los riesgos detectados se han reunido en los tres grandes grupos siguientes:
   b) Riesgos de enfermedades crónicas

Principales riesgos detectados
Los riesgos detectados se han reunido en los tres grandes grupos siguientes:
- *Riesgos específicos de la actividad.*
- *Riesgos derivados del equipo mecánico y eléctrico.*
- *Riesgos generales de la actividad.*

Los riesgos específicos de la actividad, sus causas y las medidas preventivas para su limitación.
Riesgo de caída al interior de las instalaciones
Riesgo de contacto con sustancias corrosivas
Riesgo de intoxicaciones

MANUAL DE FONTANERÍA
TOMO 1

Miguel D'Addario

Comunidad europea
2015

Este manual se complementa con el
MANUAL DE FONTANERÍA - TOMO 2
Índice del Tomo 2:

Normativas. Instalaciones interiores. Diseño y montaje de instalaciones, dimensionamiento y caudales mínimos en aparatos domésticos. / Págs. 13 a 24

Elementos de las instalaciones. Tuberías y accesorios, válvulas y dispositivos de control, grifería sanitaria, contadores, aljibes. / Págs. 27 a 73
AUTOEVALUACIÓN / 75
SOLUCIONARIO / 81

Inspecciones y pruebas de las instalaciones. / Págs. 89 a 156
AUTOEVALUACIÓN / 157
SOLUCIONARIO / 165

Bombas y grupos de presión. Tipos y funcionamiento de las bombas, componentes de un grupo de presión.
/ Págs. 177 a 226
AUTOEVALUACIÓN / 229
SOLUCIONARIOS / 235

Prevención de Riesgos Laborales. Riesgos Laborales específicos en las funciones del fontanero, medidas de protección individuales y colectivas. / Págs. 245 a 293
AUTOEVALUACIÓN / 293
SOLUCIONARIO / 299

www.ingramcontent.com/pod-product-compliance
Lightning Source LLC
Chambersburg PA
CBHW020728180526
45163CB00001B/155